恐竜大陸　中国

安田峰俊
田中康平（監修）

角川新書

はじめに

現在、世界で最も多くの種類の恐竜が見つかっている国はどこかご存じだろうか。研究が盛んなイメージがあるアメリカか、広大な国土を持つカナダやモンゴルか。そういえば、最近は日本でも化石発見のニュースが多いような……?

いずれも不正解である。答えは中国だ。北京《ぺきん》の中国古動物館の統計によると、中国国内で骨格の化石が見つかり、2020年12月までに学名がついた恐竜は合計322種。近年はおおむね10種の新種が毎年報告されているという。

なお、これまでに世界で見つかった、有効な学名を持つ恐竜はおそらく1000属ほどである。恐竜研究の長い歴史を持つアメリカでは、2018年末までに226属285種が報告されているが(日本の場合は7種)、中国は数の上ではすでにアメリカを抜き去っている。

広大な国土を持つ中国では、前近代から化石が見つかっていたとみられている。

ただ、化石はながらく「龍骨《ロングゥ》」、つまり龍の骨であると信じられ、中国医学の薬として用いられてきた。その後、20世紀初期に欧米人の研究者が「龍骨」の正体に関心を示すようになり、やがて1930年代からは中国人研究者による研究や発掘活動もおこなわれはじめた。ただ、日中戦争や国共内戦、文化大革命といった動乱の影響もあって、中国の恐竜研究は20世紀末までは必ずしも順調に進んでこなかった。

だが、状況は1990年代後半からガラッと変わる。中国が対外開放したことで海外の研究者との接触が増え、政治的安定とともに中国の研究者も学問に打ち込めるようになった。加えて、世界の恐竜研究の歴史を大きく塗り替えた「羽毛恐竜」（第1章参照）の化石が中国東北部で大量に見つかる。中国は一気に研究上のホットスポットに変わったのだ。

近年はさらに、恐竜の代表選手であるティラノサウルスやトリケラトプス、竜脚類のディプロドクスなどの仲間の起源が中国大陸にあったことも判明。また2016年には、中国人研究者がミャンマー東北部で入手した琥珀《こはく》のなかから、生前の形態を保ったままの軟組織を残す恐竜の尾が発見され、こちらも世界的なニュースになった。

いまや中国は、化石が見つかった恐竜の種が世界で最も多いのみならず、研究上でも非常に重要な国である。世界一の恐竜大国といっても、あながち間違いではない。

ところが、日本では一般にこのことはあまり知られていない。

もちろん研究者の間では「常識」で、恐竜展などではこの切り口から中国恐竜を特集することもある。福井県にある福井県立恐竜博物館はアジアの恐竜を積極的に紹介する展示内容で、館内における中国恐竜の存在感は非常に大きい。だが、これらをまとまった話題として説明した本はほとんどないのだ。

日本は恐竜学の研究水準が高く、また市井の恐竜ファンも非常に多い（おそらく世界一だ）。だが、いかんせん恐竜は理系的な関心がベースになりやすい話題だけに、「中国」という他の文化圏の視点から眺めるようなアプローチはされにくいのである。

本書は、翻訳書を除けば日本でおそらく初の、中国の恐竜の話題を特集した本である。

ここで、著者の私自身と本書の執筆スタンスを説明しておこう。

私は恐竜については、あくまでもただの熱心なオタクという立場だ。

3歳のときから恐竜図鑑にハマり、小学生時代の将来の夢は「きょうりゅうはかせ」。中学生のときに日本で公開された映画『ジュラシック・パーク』に大喜びし、いまでも恐竜展をやっていれば足を向けている——。が、決してアカデミックに恐竜学を修めた経歴があるわけではない。すこし恐竜に詳しいだけの一般人である。

私の本職は、中華圏の事情を追いかける「紀実作家《ジーシイヴオジャー》」——。すなわちノンフィクション作家だ。天安門《てんあんもん》事件や戦狼《せんろう》外交（中国の外交官が西側諸国に過剰に攻撃的になる外交姿勢）のような政治的にハードな話題から、ラブドール事情やインターネットカルチャーのような軽い話題まで、中国のことはなんでも追いかけている。中国の恐竜の話題も、もとよりそうした関心の対象のひとつだった。

中国ライターの視点から見た中国の恐竜事情は、もちろん最新の研究成果も見逃せないのだが、それと同じくらいに中国社会と恐竜の関わり合いが興味深い。比較的最近までは研究が低調で、恐竜に対する社会的な関心も日本と比べて薄いにもかかわらず、工事などで土を掘り返すたびに大量の化石が出てくる「世界一の恐竜大国」。そんな国において、人々がどう恐竜と向き合っているかは、非常に刺激的なトピックだ。

「人類にとって恐竜はどんな生き物なのか」という問題を考えるうえでも、生々しいエピソードにあふれた中国の恐竜ストーリーは新たな気づきを与えてくれる。

そこで私は本書において、現地の最新の恐竜研究の知見と、中国社会の肌感覚を半分半分くらいで伝えながら、中国における恐竜事情の現在を描いていくことにした。

なお、アカデミックな恐竜学の知見については、NHKラジオ第1の人気番組『子ども科学電話相談』でもおなじみの恐竜研究者で筑波大学生命環境系助教・田中《た》康平《なかこうへい》氏の監修を仰いだ。恐竜のプロと中国のプロがタッグを組んで、中国の恐竜事情に切り込んでいくのが本書である。

なお、本文中において人名はすべて敬称略とした。

目次

第5章　中生代中国の「海と空」の生き物たち
——中国では翼竜や首長竜の化石も見つかる

恐竜の基礎知識——本編に進む前に

本書を読み進めていく上で、基礎的な知識を確認しておこう。すでにご存じの読者は、28ページからの本文に進んでもらって構わない。

恐竜（*Dinosauria*）は、学術的には以下のように定義される存在である。

「トリケラトプスと鳥類の最も近い共通の祖先から分岐したすべての生き物」

かつて、古生代に魚類が陸に上がって脊椎《せきつい》動物が陸上に進出し、そこから**爬虫類**《はちゅう》が生まれた。その仲間のなかから、三畳紀後期にあたる約2億3000万年前に、他の爬虫類とはちがって身体の真下に足が伸び、二足歩行をする生き物があらわれた。この生き物が恐竜である（後年にはトリケラトプスをはじめ四足歩行する恐竜も多く生まれたが、これらはすべて進化の過程で二次的に四足歩行に戻ったものだ）。

現代の世界にいる**鳥類**は、恐竜のなかの獣脚類と呼ばれるグループから進化した仲間であり、生物の分類としては恐竜に含まれる。

つまり、学術的にいえばスズメやペンギンも「恐竜」の一種だ。ティラノサウルスやトリケラトプスなどは「鳥類ではない恐竜」（非鳥類型恐竜）と呼ぶのが、より正しい書き方である。

ただ、これではさすがに煩雑になるので、この本では他の図鑑や一般書と同じように「鳥類ではない恐竜」のことを「恐竜」と書くことにする。

恐竜がいた時代

恐竜たちがいたのは、地質時代の**中生代**と呼ばれる時期だ。

中生代はさらに**三畳紀・ジュラ紀・白亜紀**の３つの時期に分けられる。本書のなかでもしばしば出てくる言葉なので、それぞれを軽くまとめておこう。

【三畳紀　約２億５２００万年前～約２億１００万年前**】**

世界中の陸地の大部分がつながり、超大陸**パンゲア**と呼ばれる巨大な陸地を形成。気温は非常に高く、乾燥に強い爬虫類が進化した。三畳紀後期に生まれた恐竜は、当初は目立たない存在だったが、やがて環境の変動によって従来の陸の主役だったワニの仲間（ラゴスクス類）などが衰退。恐竜の多様化と繁栄がはじまる。魚竜類や首長竜類、カメ、原始的な哺《ほ》乳《にゅう》類なども誕生した。三畳紀末には生物の大量絶滅が起き、地球上の様子は大きく変わった。

【ジュラ紀　約2億100０万年前〜約1億4500万年前】

パンゲアが北のローラシア大陸と南のゴンドワナ大陸に分裂し、海に接する土地が増えたことで気候が温暖湿潤になり安定、森林が増えた。竜脚形類をはじめ大型化する恐竜も増え、それを捕食する獣脚類の一部も大型化。剣竜類も繁栄した。いっぽうで小型獣脚類から原始的な鳥類が生まれた。

【白亜紀　約1億4500万年前〜約6600万年前】

大陸がさらに分裂して現在に近い形の大陸が生まれはじめ、各地で恐竜の独自の進化が進んだ。気候は当初は温暖だったが、白亜紀後期には平均気温20℃前後で落ち着いた。剣竜類が白亜紀前期で姿を消すいっぽう、白亜紀後期に角竜《つのりゅう》類やハドロサウルス科の鳥脚類が大繁栄する。だが、約6600万年前に巨大な隕石《いんせき》が地球に衝突、鳥類を除くすべての恐竜と、翼竜や首長竜などが絶滅する。陸上に生じた巨大なニッチは、やがて哺乳類によって埋められた。

◆恐竜の主な系統図◆

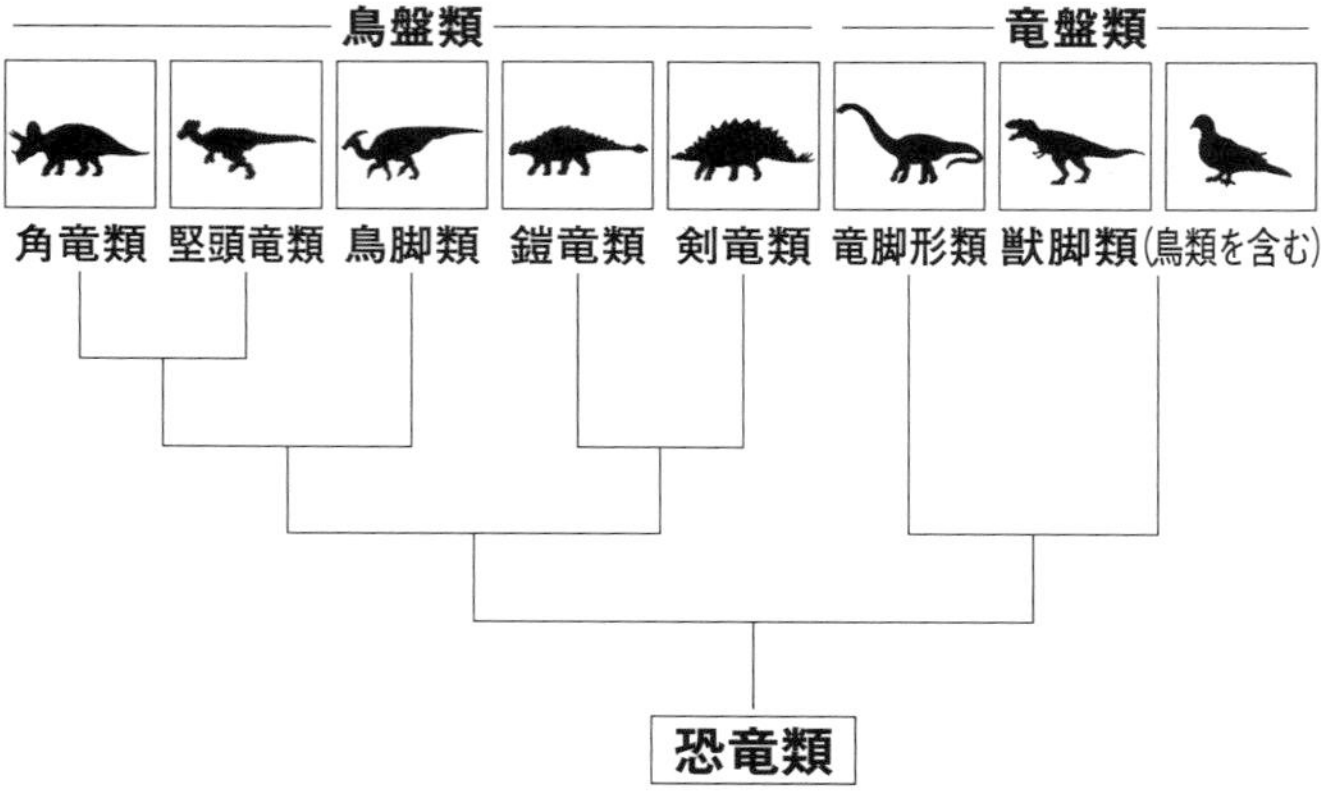

※イラスト下の太文字の種類は中生代に絶滅

恐竜が地上に出現したのは三畳紀後期以降なので、厳密には「中生代」と「恐竜時代」はイコールではない。とはいえ、人類の歴史が猿人や原人の時代を含めても７００万年ほどなのに対して、恐竜がいた期間は約１億６０００万年にもおよぶ。

現代の私たちが、遠い昔に生きていた恐竜たちの姿や生態を知る主要な手がかりは、彼らの骨やタマゴ、足跡、糞《ふん》などの**化石**だ。

ただ、良好な状態で化石が残る環境は限られている。往年の地上には、現代の私たちが知るよりはるかに多くの種類の恐竜たちが存在していたとみられている。

恐竜の分類

◆爬虫類の主な系統図◆

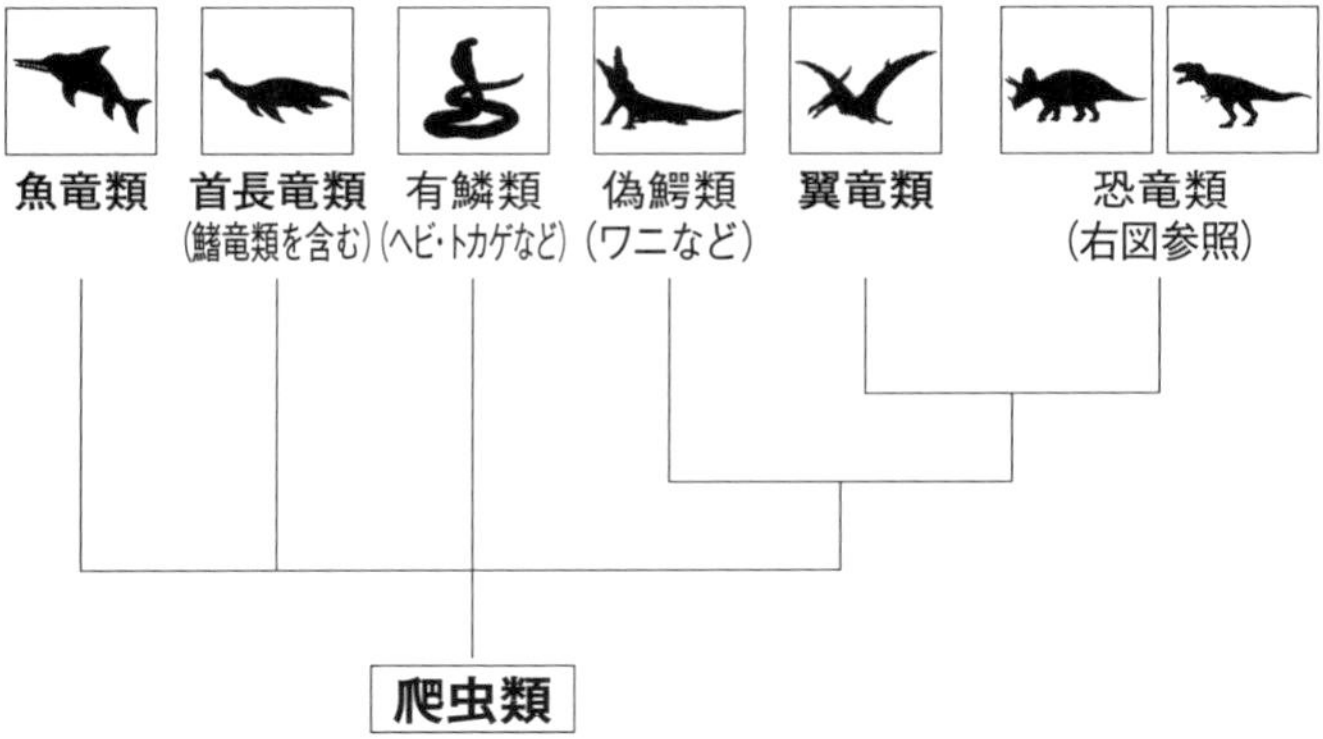

上記の図からわかるように、恐竜の種類は骨盤の形にもとづいて大きく**竜盤類**と**鳥盤類**に分かれる。さらに細かい分類をまとめておこう。

【獣脚類（*Theropoda*）**】**

竜盤類のうち、有名なティラノサウルスやデイノニクス、アロサウルスなどが含まれるのが**獣脚類**というグループだ。多くは肉食（例外あり）で、強靭《きょうじん》な後ろ足で二足歩行をおこない、いかにも「恐竜らしい」シルエットの生き物が多い。獣脚類には鳥類も含まれるので、三畳紀後期の出現から現代まで繁栄を続けている非常に息の長いグループだといえる。

【竜脚形類（*Sauropodomorpha*）】

竜盤類のなかで、長い首や大きな体軀《たいく》を持ち（例外あり）、どっしりとした足で四足歩行をおこなっていた植物食の恐竜の仲間が**竜脚形類**だ。竜脚形類は、主に三畳紀からジュラ紀初期に繁栄したプラテオサウルスなどの原始的な仲間と、ジュラ紀初期以降に繁栄したアパトサウルス（かつては「ブロントサウルス」と呼ばれた）やブラキオサウルス、ティタノサウルスなどの比較的進化した仲間がおり、後者のグループを**竜脚類**と呼ぶ。竜脚類は恐竜のなかでも最も巨大化した仲間を含み、全長30～40メートル級のものもいた。

【剣竜類（*Stegosauria*）】

鳥盤類のなかには身体に防備を発達させた四足歩行の仲間（装盾類《そうじゅん》）がおり、そのなかで背に何枚も骨の板が並んでいたグループを**剣竜類**という。ステゴサウルスが代表的だ。植物食で、その体型からしても動きはゆったりとしていたとみられる。この仲間はジュラ紀中期にあらわれたが、白亜紀前期に他の恐竜に先駆けて絶滅してしまった。

【鎧竜類（*Ankylosauria*）】

剣竜類と同じく装盾類の仲間で、背に分厚い骨の装甲板を発達させていたグループが**鎧**《よろい》

竜類《りゅう》で、ノドサウルスやアンキロサウルスなどが知られている。四肢が極端に短く、平べったい体型をしていたほか、アンキロサウルスの仲間は尾に硬いハンマーを持っていた。ジュラ紀中期から白亜紀後期まで活動していたグループである。

【角竜類（*Ceratopsia*）】

鳥盤類のなかで頭部に飾りが発達していた仲間（周飾頭類《しゅうしょくとうるい》）のうち、角（例外あり）や後頭部のフリルを持ち、鋭いクチバシがあった植物食のグループが**角竜類**だ。有名なトリケラトプスのほか、角を持たなかったプロトケラトプスなどが知られている。小型の仲間には二足歩行のものもいたが、後の時代に出現した大型の仲間は四足歩行で、胴の太い重戦車のような体型だった。ジュラ紀後期からあらわれはじめ、白亜紀後期に大繁栄している。

【堅頭竜類（*Pachycephalosauria*）】

周飾頭類のもうひとつのグループで、ヘルメットのように膨らんだ頭頂部を持ち二足歩行をおこなっていたのが**堅頭竜類**だ。パキケファロサウルスが代表的である。白亜紀前期から後期にかけて生きていたが、化石の発見数は比較的少ない。

【鳥脚類（*Ornithopoda*）】

鳥盤類のなかで最もオーソドックスな、植物食に特化して進化したグループが**鳥脚類**だ。イグアノドンが代表的であるほか、白亜紀後期に繁栄したハドロサウルス科（通称「カモノハシ竜」）のパラサウロロフスやマイアサウラなども有名である。ハドロサウルス科には頭《とう》蓋《がい》骨がトサカのように発達した種も多いが、その他の多くは目立った外見的特徴がない二足歩行（ときに四足歩行）の恐竜だった。ジュラ紀中期から恐竜の絶滅寸前まで繁栄を続けたグループで、体長も1メートル程度のものから約10メートルのものまでさまざまだった。

恐竜学は非常に研究のスピードが速い学問だ。そのため、近年は竜盤類と鳥盤類という分類自体に疑義を呈する仮説が提唱されているほか、「剣竜類」「鎧竜類」などをそれぞれ「ステゴサウルス類」「アンキロサウルス類」と呼ぶケースも増えているなど、上記の分類や呼称は絶対的なものとはいえない。ただ、本書は一般向けの書籍なので、ひとまず世間で馴染《なじ》みのある分類と呼称を使っておくことにする。

そのほか、恐竜ではないが中生代の空や海で繁栄した爬虫類には以下のようなグループがいる。本書の第5章で登場するものもいるので、軽く触れておこう。

【翼竜類（*Pterosauria*）**】**

恐竜と近い生き物から分岐した、史上はじめて空を飛んだ脊椎動物のグループが**翼竜**で、三畳紀後期から白亜紀の終わりまで中生代の空を支配した。歯と長い尾を持つ比較的原始的な仲間と、それよりも新しい時代の尾が短くなりクチバシを持つようになった仲間に分かれる。後者にはプテラノドン、ケツァルコアトルスなど有名な翼竜が多い。

【首長竜類（*Plesiosauria*）**】**

恐竜とはかなり遠い（ヘビやトカゲのほうが近縁な）ヒレ状の手足を持つ爬虫類の仲間で、三畳紀後期から白亜紀末期までの海などにいたのが**首長竜類**だ。日本語での名前は「首長竜」だが、首が比較的短いプリオサウルスの仲間と、長い首を持つプレシオサウルスの仲間がいた。

【魚竜類（*Ichthyosauria*）**】**

やはり恐竜とは類縁関係が遠い爬虫類で、水中生活に高度に適応して魚やイルカそっくりの外見をしていたのが**魚竜類**である。近縁な仲間（魚竜形類）を含めれば三畳紀前期から姿が見られたが、白亜紀後期のはじめごろ（約９０００万年前）に姿を消した。イクチオサウルスが有名である。

中国語の恐竜用語表記

日本語も中国語でも、「*Dinosauria*」（恐ろしいほどに大きいトカゲ）には「恐竜」（恐龍《コンロン》）という訳語が充てられている。

かつて明治時代の日本人が、西洋の概念を日本に輸入する際に「科学」「哲学」などのさまざまな語を漢語に置き換えたことがあり、「恐竜」の訳語もその際に作られたらしい。明治時代末期、日本に留学していた清《しん》朝の留学生たちが、それを母国に持ち帰って中国語の語《ご》彙《い》として用いた。なので、中国語の「恐龍」という言葉の起源は実は日本にある。

いっぽう、他の専門用語は、「獣脚類《ショウジャオレイ》」「白堊紀《バイオージー》」のように日本語の漢字表記と基本的に同じものから、「蜥脚類《シージャオレイ》」（竜脚類）や「蛇頸龍《シエジンロン》」（首長竜）などまったく違うもの、中国神話における天地開闢《かいびゃく》の創世神・盤古《ばんこ》の名前を充てた「盤古大陸《パングウダールー》」（超大陸パンゲア）のような味のある意訳までさまざまだが、日本語と異なる表記のものも含め、漢字からなんとなく想像がつくものが多い。

やっかいなのは、学名における**属名と種小名**の中国語表記だ。

学名は国際的な命名規約によって規定され、ラテン語で名付けられる。属名と種小名は、いわば名字と名前のようなもので、系統的に非常に近いものは同じ属になる。

たとえばティラノサウルス・レックス（*Tyrannosaurus rex*）の場合、属名が「*Tyrannosaurus*」で、種小名が「*rex*」だ（他により古い地層から出るがっしりした体格の「ティラノサウルス・インペラトル」（*Tyrannosaurus imperator*）などの仲間がいる）。属のなかで代表的なものを**模式種**と呼ぶ。

日本の場合、恐竜の名前はラテン語の名前をカタカナ読みする。煩雑さを避けるためか、児童用の図鑑や一般向けの書籍では種小名に言及しないことが普通である。

だが、中国の場合は学名を漢訳（音訳ではなく漢字に意訳）し、さらに文字数がすくないためか種小名までセットで書くことが多い。一般向けの報道のみならず博物館のプレスリリースなどでも、学名を示さずに漢訳名しか書かないことがめずらしくない。

たとえば、私たちにおなじみの恐竜たちも、中国ではこのように書かれる。

ティラノサウルス・レックス（*Tyrannosaurus rex*）→ 君王暴龍
トリケラトプス・ホリドゥス（*Triceratops horridus*）→ 皺褶三角龍
デイノニクス・アンティルロプス（*Deinonychus antirrhopus*）→ 平衡恐爪龍

中国の恐竜は、種小名を含めた漢訳名それ自体に味わいがあり、ラテン語の学名からは見えない表現の工夫がこらされていることもある。そこで本書は、できるだけ種小名まで含めて中国恐竜の名前を紹介することにした。

第1章　中国恐竜最新事情

――恐竜の常識を変えた「羽毛恐竜」は中国で見つかった

「恐竜には羽毛があった」。世界的大発見と盗掘の闇【シノサウロプテリクス】

映画『ジュラシック・パーク』とその続編シリーズは、全世界の一般の人に向けて恐竜の魅力を「布教」した点で非常に重要な映画だ（なにより、ものすごく面白い）。ただ、竜脚類が二足で立ち上がってみせたり、ティラノサウルスが猛スピードでダッシュしたりと、体型から想像される筋肉の付きかたからは明らかに無理な動作をおこなっている点など、詳しい人が見ると突っ込みどころが多いことでも知られている。

もっとも、多少は強引なこれらの設定は、エンターテインメントの「お約束」だ。目を吊《つ》り上げて突っ込みを入れるほうが無粋だろう。そもそも、琥珀《こはく》のなかに残された蚊が吸った血液から恐竜を復活させる——、という点からして無理があるのだが、それを言ってはオシマイである。

だが、それでも違和感が大きすぎる問題もある。それは、シリーズを通して活躍する小型獣脚類・ヴェロキラプトルの皮膚に羽毛が生えていないことだ（なお、作中の描写を見る限りヴェロキラプトルにしては体格が大きすぎるので、正確にはドロマエオサウルス科の別の仲間のはずだが、ややこしいので以下も「ヴェロキラプトル」で通す）

近年の恐竜図鑑では、小型獣脚類の仲間はほぼ例外なく、身体に羽毛が生えた状態で描かれている。図鑑によって羽毛量は違い、地肌のうえにポツポツと生えた程度から、鳥と同じくらい（正確には鳥も恐竜の一種だが）フサフサの復元図までいろいろあるが、とはいえ『ジュラシック』シリーズのように、のっぺりした肌のトカゲ型の生物として描写される例は皆無だ。

『ジュラシック』シリーズに登場する恐竜に羽毛がない理由は簡単である。現在はすでにおなじみの、鳥類そっくりの姿をしたヴェロキラプトルやデイノニクスの復元図は、ここ４半世紀で定着したものにすぎないからだ。

ゆえに、シリーズ第１作の『ジュラシック・パーク』が公開された１９９３年の時点では、恐竜が羽毛を持つことは、仮説としては主張されていても、まだ一般社会では馴染《なじ》みのない話だった。ところが、シリーズが人気になり、ヴェロキラプトルがシリーズを代表する「顔」になったことで、羽毛恐竜の学説が一般化してからも作品中で彼らの外見を変えるわけにはいかなくなってしまった（２０２２年夏に公開された『ジュラシック・ワールド　新たなる支配者』では、さすがに時流に合わなくなったのかついに羽毛恐竜も登場している）。

さておき、仮説にすぎなかった「羽毛恐竜」説が定説に変わった最大のきっかけは、中国における、ある化石の発見である。

すなわち1996年に報告された体長1・3メートルほどの小型獣脚類、**シノサウロプテリクス・プリマ**（*Sinosauropteryx prima*：原始中華龍鳥）だ。

シノサウロプテリクスの化石はふたつあった!?

シノサウロプテリクスについては、いかにも一昔前の中国らしい怪しげな発見エピソードが伝わっている。

1995年、中国東北部（旧満洲《まんしゅう》）の遼寧《りょうねい》省西部の北票《ほくひょう》市四合屯《しごうとん》村の農民・李蔭芳《リイインファン》が、山肌に数多く転がっている岩のなかに、奇妙な動物の化石が含まれていることに気付いた。

現地はもともと化石がよく出る土地である。地元の農民には、農閑期になるたび地元の山に入り、化石を探して博物館やブローカーに売り飛ばす副業をおこなう化石ハンター（というよりも盗掘者）が多くいた。どうやら李蔭芳も、そうしたよからぬ生業《なりわい》を持つ人物だったらしい。中国の博物館は、実は現代にいたるまでこうした盗掘化石を買い取るケースがあり、また一昔前までは盗掘化石が海外に流出するブラックマーケットも盛んであった。

盗掘の翌年、李蔭芳はこのとっておきの化石を売るために北京にやってきた。

まずは中国の古生物研究の最高峰のひとつである中国科学院古脊椎《せきつい》動物・古人類研究所を訪ねて売り込んだが、反応はいまいちだった。そこで化石を、もうひとつの最高峰である中

シノサウロプテリクス。もっと「鳥っぽい」復元図が用いられている図鑑も多い。

国地質博物館に持っていったところ、館長の季《ジー》強《チャン》（Ji Qiang）が目の色を変え、6000元（当時のレートで約7万8000円）で購入してくれた。

　1990年代の中国はまだ貧しい時代である。買い取り額は当時の中国農民の年収をゆうに上回る金額だった。とはいえ結果的に見れば、中国地質博物館は驚くべき安価で、世界的大発見のきっかけになる化石を買ったことになる。

　ただし、売り手の化石ハンター、李蔭芳もしたたかだった。彼は1体の恐竜が挟まっていた岩盤を凸部分と凹部分で2枚保有しており（押し花の上のページと下のページのようなものだ）、同一の化石が含まれたもう1枚の岩盤を、南京にある地質古生物研究所にこっそりと売っていたのだ。結果、研究の初期段階で混乱を招くことになったが、最終的に真相が判明し、この化石は学界で日の目を見ることとなる。

「シノサウロプテリクス」の命名者は季強だ。当初、季強たちはこの生物を原始的な鳥類だと考えていた。

だが、やがてアメリカやカナダの古生物学者が続々と北京を訪れて検討を重ね、シノサウロプテリクスは羽毛を持つ、コンプソグナトゥスの仲間の小型獣脚類だと見なされていく。結果、これまで唱えられてきた「鳥＝恐竜」説を裏付ける世界的大発見として注目されることとなった。

いっぽう、シノサウロプテリクスについては当初、誤認や捏造《ねつぞう》を疑う意見も出た。この時期の中国の恐竜発掘の現場では怪しげな話も多く、同じく遼寧省で化石が見つかり大きな話題になった羽毛恐竜・アーケオラプトル（*Archaeoraptor*）が、実は捏造されたものであったことが判明するなど、疑いを持たれるには十分な事情も存在したのだ。

ただ、それから数年のうちに同じ遼寧省の熱河《ねっか》層群でコエルロサウルスの仲間である**プロターケオプテリクス・ロブスタ**（*Protarchaeopteryx robusta*：粗壮原始祖鳥）や、オヴィラプトロサウルスの仲間の**カウディプテリクス・ゾウイ**（*Caudipteryx zoui*：鄒氏尾羽龍）、テリジノサウルスの仲間の**ベイピアオサウルス・イネクスペクトゥス**（*Beipiaosaurus inexpectus*：意外北票龍）といった多様な種類の羽毛恐竜が相次いで発見された。結果、多く

ベイピアオサウルス。獣脚類の恐竜だが、植物を食べていたのではないかとも見られている。

の小型獣脚類が羽毛を持っていたことが化石から裏付けられた。

遼寧省の欲深い化石ハンターの農民の発見をきっかけに、世界の恐竜研究史は決定的なターニングポイントを迎えたのだった。

名前1文字の飛行恐竜、化石の怪しげな発見の経緯【イ】

いわゆる鳥類以外で、空を飛ぶ恐竜はいたのか？答えはおそらく「イエス」だ。ただし、この質問からプテラノドンやケツァルコアトルスのような翼竜の姿を思い浮かべた人は、残念ながら不正解である。

翼竜は恐竜と近縁な生き物で、ほぼ恐竜と同じ時代に栄えて中生代末に絶滅した。だが、彼らは三畳紀に恐竜と共通の祖先から分かれて独自の進化を遂げた爬虫類《はちゅう》であり、「恐竜」ではないのだ。

それでは、私がこれから紹介する「飛行恐竜」とは何者なのか？

この恐竜の名前は「**イ**」。日本語のカタカナ表記ではなんと1文字である（「イー」と書かれることもある）。

学名は *Yi qi* で、中国語での漢字名は奇翼龍（Qí yì lóng）だ。スカンソリオプテリクス科（*Scansoriopterygidae*）というあまり研究が進んでいない小型獣脚類の仲間であり、復元イラストを一見するだけでもわかるように、奇妙な姿をした謎の多い生き物である。

イは約1億6000万年前、ジュラ紀の中期か後期ごろに生息していた。大きさはカササギと同じかそれよりすこし大きい程度で、体重は380グラムほど。両腕を広げた長さは60センチメートルほどだったとみられている。

手首からは他の獣脚類には見られない棒状の骨が、おそらく胴体側もしくは下方に向かって伸びていた。ほか、長い指骨を持ち（特に第3指が長い）、これらの骨の間には膜状の組織の痕跡《こんせき》が確認されている。

イが持っていた「翼」は、鳥類とも翼竜とも異なる形態で、どちらかと言えば哺乳類《ほにゅう》のコウモリにやや似た皮膜だったとみられている。ただし、コウモリのように羽ばたくことはおそらくできず、ムササビやモモンガのように滑空する形で空を飛んでいたようだ。

イ。「空の大怪獣」のような勇ましい外見（想像図）だが、大きさはカササギくらいの小さな恐竜だった。

これまた盗掘で見つかった

イの発見は2007年である。北京の東方250キロメートルほどの場所にある河《か》北《ほく》省青龍満族《せいりゅうまんぞく》自治県木頭発《もくとうとう》鎮に住む農民・王建栄《ワンジエンロン》が、近所の採石場で見つけた化石を、山東《さんとう》省にある世界最大規模の恐竜博物館・天宇《てんう》自然博物館に持ち込んだのだ。

　河北省北部は、先の**シノサウロプテリクス**たちが見つかった遼寧省ほどは恐竜化石を豊かに産する土地ではない。ただ、オーストラリアの科学雑誌『COSMOS』の2017年5月29日付け記事によると、遼寧省の地層よりも羽毛や軟組織が良好に保存されている場合があるという。イのような「小動物」と言っていい生き物の、特殊な身体の構造が化石として残ったのは、幸運なことだった。

もっとも、王建栄による発掘は「化石好きの農民の驚きの大発見」といった美談ではない。往年のシノサウロプテリクスの発掘の経緯と同じように、王建栄もまた、やはり化石売却で経済的な利益を得ることを目的とする化石ハンターだったのだ。イが発見された場所の周辺の山や谷は、こうした農民盗掘者たちがよく訪れる場所であるため、現地には穴だらけの痛々しい光景が広がっているそうである。

イの化石はこうした経緯で掘り出されたため、天宇博物館に運ばれた時点ではバラバラであり、しかも岩石に覆われていた。パッと見ただけでは、この化石が前代未聞の特徴を持つ新種の恐竜だとはわからない状態だった。

手首の先に見つかった謎の骨

2009年、そんなイの化石の特徴に気付いたのは、中国の著名な恐竜学者である徐星《シユイシン》(Xu Xing)だった。イの化石には羽毛が生えていた痕跡もあったが、徐星はイがどうやら他の小型獣脚類たちとは、いっそう違った特徴を持っているらしいことに気付く。

やがて2013年、徐星は自身のスタッフである丁暁慶《ディンシヤオチン》を天宇博物館に派遣して化石のクリーニングをおこなわせ、頭蓋《とうがい》骨や手の特徴から、この化石がスカンソリオプテリクス科の未知の恐竜であることを確信するようになった。

ちなみに**スカンソリオプテリクス**（*Scansoriopteryx*：攀攀鳥龍。もしくは*Epidendrosaurus*）も、２００２年に遼寧省で発見されたばかりであり、研究史のうえでは新顔と言っていい恐竜だ。

スカンソリオプテリクスもまた、イと同じく長い第3指を持っていた。ただ、それまで研究では、ちょうど哺乳類のアイアイと同じように、木の穴のなかに隠れた昆虫を捕食するために指が長く進化したのではないかとみられていた。

ところがイの場合、もうひとつ変な特徴が見つかった。

手首にあたる部分から先に、他の恐竜では見られない長さ13センチメートルほどの棒状の骨が伸びていたのだ。中国恐竜研究の第一人者である徐星をもってしても、この骨の存在は理解を超えたものだった。

だが、やがて徐星と中国科学院の同僚だったこともあるアルバータ大学准教授のコーウィン・サリヴァン（Corwin Sullivan）が、この奇妙な棒状の骨が、モモンガの皮膜を支える軟骨と似た役割をもっていたのではないかと指摘することになる。

この恐竜は、鳥類や翼竜とは別の方法で空を飛ぶ、前代未聞の飛行恐竜である可能性が出てきたのだ。

この化石はニセモノではない

「この標本はあまりにも変わっていて、保存状態も悪かったから、私たちはずいぶん長い時間をかけてやっと、この（棒状の骨の）構造を確認したんだよ」

徐星は後日、中国の教育紙『中国教育報《チョングオジャオユイバオ》』（２０１６年2月22日付け）のインタビューでこう話している。イは最終的に２０１５年5月に「ネイチャー」誌上で報告されたが、発表に先立って徐星たちが心配したのは、この変な骨をニセモノではないかと疑われてしまうことだった。

盗掘者から売り込まれる化石は、貴重な標本に見せかけて買取価格を釣り上げる目的で、いくつか別の化石を組み合わせて作られている場合もあるからである。当時はすでに「２つのシノサウロプテリクス」やアーケオラプトル事件から10年以上の時を経ていたとはいえ、中国の恐竜業界には常にこうした怪しげな問題が付きもので、研究者の悩みの種なのだ。

だが、イの化石は徐星のスタッフである丁暁慶がみずからクリーニングしており、捏造が疑われる余地はほとんどなかった。徐星たちはさらに、例の棒状の骨の化学組成も分析して、納得できる結果を得ていた。

加えて、徐星のチームはイを売り込んできた河北省の化石ハンター・王建栄を見つけ出し、彼からイを掘り出した採石場の場所を聞いて現地調査をおこない、地層と年代も特定した（逆に言えば、中国で盗掘されてから博物館に売り込まれる化石には、正確な発掘場所や地質年代がよくわからなくなっているものが非常に多いということである）。

こうして、前代未聞の変わり者飛行恐竜、イは世に出ることができたのだった。

前出の「COSMOS」記事によると、徐星はイの発見によって、同じように長い第3指を持っているスカンソリオプテリクスらについても、イと同じく皮膜をもっていたのではないかと考えているとのことである。

もっとも、イの皮膜が実際はどのくらいの面積を持っていたのかはまだわかっていない。皮膜が指先の部分だけで扇状に広がっていたのか、腕の付け根から広い範囲で付いていたのか（35ページのイラスト参照）についても不明である。

そうした事情もあるためか、イの「飛行」が確実なものであったかは、まだ確定していない。たとえばメリーランド大学カレッジパーク校の古生物学者、トーマス・R・ホルツ・ジュニア（Thomas Holtz Jr）は、イの皮膜は必ずしも飛行用途だったとは限らず、求愛行動や他の種と自分たちを区別するためのディスプレイ用途で発達した可能性もあるとコメントしている（『サイエンティフィック・アメリカン』２０１５年5月1日付け）。

あり得たかもしれない恐竜のもうひとつの進化

ちなみにイは、「イ（*Yi*）」が属名で、種名は「キ（*Qi*）」という変わった学名である。これは中国語のアルファベット発音表記であるピンイン（漢語拼音《ぴんいん》）を直接使って学名がつけられているからである（コラム1参照）。

同様の方法で命名がなされた中国恐竜は、遼寧省北票市の白亜紀前期の地層から化石が見つかった小型獣脚類の**メイ・ロン**（*Mei long*：寐龍）をはじめ、ときに名前がやたらに短くなることがある。とりわけイの場合、種名を合わせてもイ・キ（*Yi qi*）であり、アルファベットでわずか4文字である。現時点では恐竜の属名のなかで最も短い名前だ。

イが属するスカンソリオプテリクス科はまだまだ研究が進んでいない種類だが、大きな分類のもとではコエルロサウルス類である。

つまり、始祖鳥などの鳥類にかなり近い生き物ということだ。

コエルロサウルス類は進化の過程で羽毛と翼を獲得し、空を飛べる鳥類になったことで生息域を広げ、結果的に白亜期末の大量絶滅を生き残ってその後の繁栄を築いた。

だが、イの存在は、彼らの仲間がもしかすると別の形で空に進出していたかもしれない可能性を示している。

イは結果的には進化の袋小路に入って消えてしまった生き物なのだが、恐竜が持っていた多様性をしみじみ感じさせてくれるユニークな存在だといえるだろう。

中国で見つかるティラノサウルスの遠い親戚たち
【ディロング　ズオロン　アオルン】

白亜紀前期（約1億3000万年前）に生息していた**ディロング・パラドクスス**（*Dilong paradoxus*：奇異帝龍）は、体長は1・6メートルほどの小さな獣脚類である。とはいえ、近年の中国恐竜では**シノサウロプテリクス**と並ぶ「メジャー選手」になりつつある。

その理由のひとつは、化石が発見された2004年の時点では最古とみられる（その後にもっと古い**グアンロン・ウーカイ**（*Guanlong wucaii*：五彩冠龍）が発見されたが）ティラノサウルスの仲間だったからだ。

しかも、尾などに繊維状の構造が見つかり、羽毛が生えていたと推測された。世界で最も有名な恐竜であるティラノサウルスの仲間が、20世紀末から学界の話題をさらった羽毛恐竜だったというのだから、その話題性は言うまでもないだろう。

ディロングの化石は遼寧省の北票市陸家屯《りくかとん》にある義県層《ぎけん》から見つかり、中国古生物研究の大家である徐星により報告された。この北票市からは、地名がそのまま名付けられた**ベイピアオサウルス**をはじめ多くの羽毛恐竜が見つかっている。

やがて同じ遼寧省では２０１２年に体長９メートルの**ユウティラヌス・フアリ**（*Yutyrannus huali*：華麗羽暴龍）が報告され、ティラノサウルスの仲間の多くが羽毛に覆われていた可能性も浮上した（もっとも、ティラノサウルス自身については、大型化によって羽毛を失い、身体の多くがウロコに覆われていたとする見解が現時点では有力だ）。

近年になり、北票市付近からは、腰付近に毛のような繊維組織の存在が確認されたプシッタコサウルス（原始的な角竜の仲間）の化石も見つかっている。まだ小さかったティラノサウルスの先祖に近い仲間と、トリケラトプスの先祖に近い仲間が、白亜紀前期に同じ地域で共存していたと考えると微笑ましいものがある。

ところで、近年の中国では、愛国主義的な風潮の高まりもあってか、自国内で発見された恐竜に「○○サウルス」「○○ニクス」といったラテン語由来の名前ではなく、中国語のアルファベット表記、すなわちピンインのスペルをそのまま学名にする例が増えている。ディロングや、前出のグアンロンも同様である。

以下に紹介するズオロン・サレーイ（*Zuolong salleei*：薩利氏左龍）とアオルン・ジャオイ（*Aorun zhaoi*：趙氏敖閏龍）という2種類の恐竜も、やはりピンイン系の命名だ。いずれもコ

ディロング。ティラノサウルスの直接の祖先ではないとみられているが、古い仲間の一種である。

ユウティラヌス。寒冷地に生息していたとみられるため、図鑑によってはシロクマのように全身が真っ白な羽毛で覆われた復元図が用いられることもある。

エルロサウルス類であり、復元図においては、非常に鳥に近い外見で描かれることが多い。

米中対立の狭間で発見される

ズオロンの化石は2001年、新疆《しんきょう》ウイグル自治区の区都ウルムチ市から北東に約150キロの場所にある、ジュンガル盆地の昌吉回族《しょうきつかいぞく》自治州ジムサル県五彩《ごさい》湾の石樹溝《せきじゅこう》層で発見された。約1億6000万年前、ジュラ紀後期に生息していたとみられている。体長は推定3・1メートルの若い個体だった。

ズオロンが発見された経緯は、なぜか中国国内の一般メディアではあまり情報が出ていない(特にオンライン上で記事を見つけるのは困難である)。おそらくその一因は、化石が2000年からスタートしたアメリカのジョージ・ワシントン大学と中国科学院古脊椎動物・古人類研究所との共同研究プロジェクトのなかで見つかったことにあるのだろう。

ズオロンの発見当時の米中関係は、1999年5月に起きたNATO軍による駐ユーゴスラビア中国大使館誤爆事件や、2001年4月に米軍偵察機と中国軍戦闘機が衝突事故を起こした海南《かいなん》島事件などの影響で非常に険悪な状況にあった。

アメリカとの共同作業の発掘成果を大々的にアピールしにくい世情ゆえに、中国語エピソードがあまり伝えられなかったのではないかとも思える。

清朝末期の重臣にちなみ命名

さておき、21世紀の人類の国際問題にまつわる事情は、当の恐竜自身にはあまり関係がない。五彩湾で見つかったズオロンの化石は、複数の頭蓋骨のほか、脊椎や尾・手足などの一部の骨であった。

その特徴は明らかなコエルロサウルス類の形質を示しており、この仲間のなかでは頭骨と身体の両方が見つかった最古の事例であるとみられている。そもそもジュラ紀のコエルロサウルス類の化石自体が珍しく、意義ある発見であった。

２００８年には研究の結果、どうやら１９６０年代に同じジュンガル盆地で見つかった白亜紀前期のコエルロサウルス類、**トゥグルサウルス・ファシルス**（*Tugulusaurus faciles*：小巧吐谷魯龍）と、比較的近い類縁関係にある恐竜であることもわかった。

ズオロンが論文として報告されたのは２０１０年である。「ズオロン」という属名の由来は、清朝末期の重臣・左《さ》宗棠《そうとう》（Zuo Zongtang）にちなみ、種小名の「サレーイ」はこの発掘プロジェクトに遺産を寄付していたアメリカの資産家、ヒルマー・サリーの名を取ったものとなった。

「サレーイ」はともかく、属名の「ズオロン」は、中国の恐竜としてはやや珍しい名付け方である。なぜなら中国において、恐竜の学名が学者や発掘関係者、前近代の偉人以外の特定の人名にちなんで命名される例は、従来あまり多くなかったからだ。

通常、そうなる理由は「政治」である。とりわけ近現代史上の人物は、その評価に中国共産党のその時期ごとの価値判断が強く反映されるため、不用意に名前を使うとリスクが大きい。極端な話をすれば、文化大革命のような大きな政変が発生した場合に、これまで偉人とされてきた人物がいきなり大悪人扱いされて名前を口にできなくなる可能性すらあり、恒久的な使用が想定される学名には不向きなのだ。

ただ、左宗棠の場合は、滅亡寸前だった清朝の立て直しを図った国家の大黒柱として非常に評判がいい人物であり、「問題なし」という判断がなされたのだろう（余談ながら、彼の名を冠した「左宗棠鶏」という華僑《かきょう》料理が考案されたりもしている）。

加えて左宗棠は、19世紀に新疆の反乱を平定した功績がある。ズオロンの命名からは、北京の政権による新疆支配の歴史を肯定する意味合いもかすかに読み取れる。発見の経緯も命名の理由も、どこか政治的な色が見え隠れする恐竜である。

身長1メートルの『西遊記』恐竜

いっぽうでアオルンもまた、やはりジュンガル盆地の五彩湾の石樹溝層で発見された、ジュラ紀後期（約1億６１００万年前）の恐竜である。

アオルンが見つかったのは２００６年で、ズオロンと同じくアメリカのジョージ・ワシントン大学と中国科学院古脊椎動物・古人類研究所との共同研究を通じた発掘調査によるものだった（この時期にはすでに米中関係は落ち着いていた）。

新種の発見を伝える論文は２０１３年に発表されており、属名の「アオルン」は『西遊《さいゆう》記《き》』に登場する西海龍王・敖閏（Ao run）から取ったという。いっぽうで種小名は、１７３ページで紹介する「中国龍王《チョングオロンワン》」、すなわち２０１２年に物故した中国の著名な考古学者の趙《チャオ》喜進《シイジン》（Zhao Xijin）にちなんだ命名だった。

アオルンはジュラ紀の原始的なコエルロサウルス類だ。保存状態が良好な頭骨と、身体の一部の骨が見つかっている。体長は推定わずか1メートルという小さな身体だったが、発見された化石はまだ幼い個体のものだったとみられており、成長するともっと大きく育った可能性が高い。歯は小さく、トカゲなどの小型動物を食べていたと思われる。

グアンロンの陰に隠れる

ズオロンとアオルンはいずれも発見が比較的最近なこともあって、恐竜図鑑でもほとんど名前を見ない。非常にマイナーな恐竜だ。

ただ、彼らは2018年夏に福井県立恐竜博物館で開かれた特別展「鳥に進化した肉食恐竜たち」でいずれも登場している。日本語ではウィキペディアの記事すら作られていない恐竜とはいえ、日本の恐竜ファンの一部には名が知られている（特別展の観覧者のブログなどを見る限り、ズオロンは実物化石の展示、アオルンは頭骨の復元模型の展示だった模様だ）。

なお、同じく新疆ウイグル自治区の石樹溝層からは、ティラノサウルスの仲間であるグアンロンのほか、各種の獣脚類、ステゴサウルス類（剣竜）の**ジャンジュノサウルス・ジュンガレンシス**（*Jiangjunosaurus junggarensis*：準噶爾将軍龍）、原始的な角竜の仲間である**インロン・ドウンシ**（*Yinlong downsi*：当氏隠龍）、さらに**クラメリサウルス・ゴビエンシス**（*Klamelisaurus gobiensis*：戈壁克拉美麗龍）をはじめとした数種類の龍脚類、ほかに恐竜以外でも**セリシプテルス・ウーカイワネンシス**（*Sericipterus wucaiwanensis*：五彩湾絲綢翼龍）など数種類の翼竜といった、多数の恐竜や巨大爬虫類の化石が発見されている。

これらのなかでは、やはりグアンロンが人気・知名度ともにトップクラスだろうか。対してズオロンとアオルンは、どうしても印象が薄くなってしまいがちな2種だが、恐竜から鳥類への進化の道筋をたどるなかで、研究上の価値はかなり高いと思われる。個人的にはもうすこし注目されてほしいところだ。

黄河・大夏・東北・遼寧の「巨人」恐竜

【ファンヘティタン　ダシアティタン　ドンベイティタン　リャオニンゴティタン】

市井の恐竜ファンはなぜ恐竜が好きなのか。私自身を含めて、多くの人が納得感を覚える理由は、問答無用で「でかい」ことだろう。もちろん、実際はニワトリくらいの大きさの恐竜も非常に多くいるが、やはり「でかい」ことは恐竜の魅力のひとつだ。なかでも、多くの種が現生動物のゾウやサイよりも巨大な身体を持っていた竜脚類の人気は高い。

近年の中国で発見された竜脚類には「〇〇ティタン」という学名を持つ種がいくつかいる。「ティタン」とはもともと、ギリシャ神話に登場する巨人族を指す言葉で、恐竜の学名として用いられるときは白亜紀に繁栄した竜脚類のティタノサウルス類に名付けられることが多い。以下はそんな、中国で見つかった巨人恐竜たちについて解説していこう。

「黄河の巨龍」姿をあらわす

中国を代表する竜脚類は、長年にわたって**マメンチサウルス**（86ページ参照）が広く知られてきたが、近年は徐々に**ファンヘティタン**（*Huanghetitan*：黄河巨龍）に置き換わりつつある。黄河《こうが》の巨龍、という、いかにも中国恐竜界を背負って立つような威圧感のある名前だ。

シルクロードの入り口である甘粛省《かんしゅくしょう》蘭州《らんしゅう》市の西方、チベット高原と接する劉家峡鎮《りゅうかきょうちん》では、1999年に恐竜の足跡群が発見され、さらに2003年には巨大な歯を持つ白亜紀初期の鳥脚類**ランジョウサウルス・マグニデンス**（*Lanzhousaurus magnidens*：巨歯蘭州龍）の部分的な化石が見つかるなど、恐竜化石の産地として徐々に注目されるようになっていた。

ランジョウサウルスと同じく2003年ごろに劉家峡鎮で化石が見つかり、足掛け3年をかけての発掘がおこなわれた竜脚類が、**ファンヘティタン・リュジャシャエンシス**（*Huanghetitan liujiaxiaensis*：劉家峡黄河巨龍）である。報告をおこなったのは中国科学院古脊椎動物・古人類研究所の尤海魯《ヨウハイルー》（You Hailu）らだ。

どっしり恐竜

ファンヘティタン・リュジャシャエンシスは白亜紀前期に生息した原始的なティタノサウルス類で、巨大な腰帯を持っており、報告当初は中国有数の「デブ恐竜」として話題となった。発見された化石は、ほぼ完全な1・1メートルの長さの仙骨と1・23メートルの左肩甲骨のほか、断片的な2つの尾椎や肋骨《ろっこつ》の破片などだった。

ファンヘティタン・リュジャシャエンシスの全長は推定18〜20メートル程度とみられた。

これは、たとえば体長30メートル以上だったとみられるマメンチサウルスと比較すれば短いように思えるのだが、スマートな体型のマメンチサウルスと比較して、寸詰まりで「横」に大きかったとみられ、やはり中国国内で発見されたなかでは最大級の体格を持つ恐竜だったとみてよかった。

汝陽産「黄河の巨人」をめぐるドタバタ

ところで、上記でわざわざ「ファンへティタン・リュジャシャエンシス」と何度も種小名を含めて書いている理由は、２００７年に河南省《かなん》汝陽県《じょよう》で、これと同属とされる**ファンへティタン・ルヤンゲンシス**（*Huanghetitan ruyangensis*：汝陽黄河巨龍）が見つかっており、こちらについても言及したかったからだ。なお、汝陽県の恐竜発掘事情は１７９ページからの記述を読んでみてほしい。

このファンへティタン・ルヤンゲンシスは2・93メートルもの長大な肋骨が見つかり、やはり非常に「横」に大きな恐竜だったとみられた。体長も推定32メートルに達し、まさに「黄河の巨龍」の名に恥じない竜脚類だった。

もっとも、近年の研究ではどうやらファンへティタン・リュジャシャエンシスとファンアンへティタン・ルヤンゲンシスは、そもそも別属であったとみられている。ファンへティタンの模式種は、先に見つかった推定体長18～20メートルのファアンヘティタン・リュジャシャエンシスのほうであり、「黄河の巨龍」の名を持つ恐竜の事情はちょっとややこしいことになっている。

日本にもやってきた「大夏の巨人」

ティタンの名を関する中国恐竜は他にもいる。すなわち、ファアンヘティタン・リュジャシャエンシスの発見地からほど近い場所で見つかった白亜紀前期の竜脚類、**ダシアティタン・ビンリンギ**（*Daxiatitan binglingi*：炳霊大夏巨龍）である。「大夏」は発見地付近の河川名である大夏《だいか》（Dà xià）河から、「炳霊」もやはり付近の地名である炳霊廟《へいれいびょう》（Bǐng líng miào）から取られた。

ダシアティタンは、ファアンヘティタン・リュジャシャエンシスと同じく尤海魯たちによって2008年に報告されている。発見された化石の保存状態は良好で、頸椎《けいつい》10個、胸椎10個、尾骨2個のほか、首と背中部分の皮膚、大動脈弓、右肩甲骨、右烏口《うこう》骨、右大腿《だいたい》骨……と、首からしっぽまで各部位が見つかった。分類上はティタノサウルス形類のエウヘロプスの仲間だとする説があるが、異なる解析結果もあり、議論は続いている。

ダシアティタンの首の長さは12・2メートル、全長は推定26メートルと、アジアでも最大

エウヘロプス。中国恐竜研究史の黎明期である1913年に化石が見つかった古参恐竜だ。ダシアティタンもこの仲間だったのだろうか。

級の恐竜だった。日本においても、２０１１年夏に名古屋市科学館で開催された「黄河大恐竜展」にて全身復元骨格が展示され、主役級の扱いを受けている。これから人気と知名度が上がっていきそうな恐竜である。

「東北の巨龍」はやられ役

他のティタノサウルスの仲間としては、**ドンベイティタン・ドンギ**（*Dongbeititan dongi*：東北巨龍）がいる。白亜紀前期に生息していたとみられ、推定される体長は10～11メートル、体高４メートル。頭蓋骨の一部や四肢の一部、肩甲骨・骨盤・頸椎などが見つかっている。中国の著名な恐竜研究者の１人である董枝明《ドンヂーミン》（Dong Zhiming）らによって２００７年に報告された。

「ドンベイ」とは漢字で「東北」、すなわち旧満洲のことである。ドンベイティタンは**シノサウロプテリクス**など羽毛恐竜の発見で有名な遼寧省の熱河層群で見つかったのだが、当時の熱河層群で竜脚類の化石が発見された例はあまり多くなかった。「東北の巨龍」の名前には、中国東北部を代表する竜脚類としての期待もこもっていただろう。

ドンベイティタンの知名度は決して高くない。ただし、同時期に同地域で生息していた全身に羽毛が生えたティラノサウルスの仲間、**ユウティラヌス**の復元図のなかで、ユウティラヌスの群れに狩られる獲物役を割り振られて登場することがある。そうとは知らないうちにドンベイティタンのイラストを目にしたことがある人は意外に多いのではなかろうか。

注目のルーキー「遼寧の巨龍」

最後に、熱河層群で見つかった「巨人」のルーキーを紹介しておこう。２００７〜２００8年ごろ、瀋陽《しんよう》師範大学古生物博物館の研究チームが遼寧省北票市小《しょう》北《ほく》溝で発掘をおこなっていた際に見つけた、50％以上の骨が残った保存状態のいい竜脚類の化石である。

この恐竜の体長は推定13メートル、約1億２５００万年前の白亜紀前期に生息したティタノサウルスの仲間だったとみられている。発見後、保存状態のいい化石だったにもかかわらず長期間にわたって研究がなされず、正式な学名もつかないままだったが、２０１８年にようやく**リャオニンゴティタン・シネンシス**（*Liaoningotitan sinensis*：中国遼寧巨龍）の名前で報告された。
熱河層群が広がる土地は、かつて鳥類と羽毛恐竜の楽園だったイメージが強い。だが、ドンベイティタンやリャオニンゴティタンなど、巨大な竜脚類も少なからず生息していたのである。

羽毛恐竜、中国共産党幹部の名前を付けられる
【カウディプテリクス　ギガントラプトル】

白亜紀後期のモンゴルに生息したオヴィラプトルは、かなり昔から名前が広く知られている恐竜だ。学名の意味は「タマゴ泥棒」である。

１９２０年代に最初に発見された個体の化石が、角竜の仲間のプロトケラトプスとみられるタマゴのすぐ近くで見つかったことや、歯のないクチバシ状の口を持っていたことから、てっきり他の恐竜のタマゴを盗んで食べている恐竜だと考えられたのだ。

事実、現在42歳の私が子どものころ見た、つまり１９８０年代以前に刊行された図鑑でも、プロトケラトプスの巣からタマゴを奪って走り去る姿の復元図が描かれていた記憶がある。

だが、現在の研究では、オヴィラプトルの近くで見つかったタマゴはこの恐竜自身のものだったとみられている。しかも、化石はオスのものだったという。オヴィラプトルはタマゴ泥棒ではなく、むしろ自分の子どもを守るなかで化石化した悲劇の父親だったのだ。彼（?・）にとってはとても不名誉な命名がなされたことになる。

オヴィラプトルの仲間の多くの化石は東アジア内陸部のモンゴル高原で見つかっている。だが、中国領内での産出例も実はすくなくない。以下では、そんな中国出身のオヴィラプトルの仲間たちについて見ていこう。

熱河層群で見つかった小さな恐竜

まず紹介するのは**カウディプテリクス・ゾウイ**（*Caudipteryx zoui*：鄒氏尾羽龍）だ。約1億2460万年前の白亜紀前期に生息したオヴィラプトルの古い仲間で、発見地は遼寧省北票市。すなわち本書でも何度も地名が登場している、羽毛恐竜や鳥類・水辺の小動物などの化石が数多く見つかる熱河層群で発見された恐竜である。

カウディプテリクスの体長は70〜90センチ程度で、大型のオスのニワトリよりもひとまわり大きいくらいの生き物だった。前足と尾の先に羽軸のある発達した羽毛を持っていたが、飛行はできず、羽毛は保温のためだったとみられている。尾の羽は扇形に広がっており、生前の外見はかなり鳥に似ていたようだ。

白亜紀後期のオヴィラプトルの仲間たちとは違い、カウディプテリクスの口はまだ完全にクチバシ化しておらず、化石からは上顎《じょうがく》にある少数の鋭い歯が確認された。後に胃石を持つ化石も見つかっており、肉だけではなく植物も食べる雑食性の生き物だったと考えられている。

カウディプテリクス。日本の福井県立恐竜博物館でも復元模型が展示されているが、予備知識を持たずに見れば「鳥」そのものにしか見えない。

シノサウロプテリクスの引き立て役

遼寧省北票市でカウディプテリクスが発見されたのは1997年で、まだ羽毛恐竜の存在が化石によって裏付けられきっていなかった時代だ。付近の地層からは2年前の1995年に、有名な**シノサウロプテリクス**が見つかっていたが、この時点ではまだ恐竜ではなく鳥類だと考えられていた。

そもそも、羽毛の痕跡を残したシノサウロプテリクスの化石が、鳥類の化石や「ニセ化石」ではないれっきとした恐竜の化石であると判断されたのは、同じ熱河層群からカウディプテリクスや**プロターケオプテリクス**などの他の羽毛恐竜が続々と発見されたためである。

カウディプテリクスは、すくなくとも一般社会では比較的知名度が低い恐竜なのだが、シノサウロプテリクスという近年の中国恐竜学の代表選手が認められるきっかけを作った。羽毛恐竜の研究史上では非常に意味のある引き立て役を演じたと言っていい。

恐竜の名前になった中国共産党古参幹部

カウディプテリクスの名前については、中国ならではのちょっと興味深い話がある。

熱河層群研究の大家でシノサウロプテリクスの報告者でもある季強によって名付けられた「ゾウイ」という種小名は、なんと中国共産党の重鎮・鄒家華《ゾウジャーホア》（Zou Jiahua）にちなんで命名されたものなのだ。

１９２６年生まれの鄒家華は日中戦争中の１９４４年に18歳で新四《しんし》軍（人民解放軍の前身）に参加した古参の共産党員で、人民共和国建国後は主に理系分野の国家ポストを歴任し、副総理も務めた高官だった。

この鄒家華は１９９０年代後半、まだ学界では異論も多かった羽毛恐竜の研究に取り組む季強をバックアップしていた。そこで、感謝した季強が鄒家華にちなむ種小名をカウディプテリクスにつけることにしたらしい。

すでにズオロンの記事でも述べたとおり、中国では政治的なリスクゆえに近現代史の人物の名前が恐竜の命名に用いられる例はあまりなく、国父である孫文《そんぶん》や毛沢東《もうたくとう》でさえも（おそらく）恐竜の名前には用いられていない。鄒家華はかなり変わったケースだと考えていいだろう。彼は政治家としては地味な技術官僚だが、思わぬ部分で歴史に名を刻んだ形である。

余談ながら、鄒家華は２０２３年11月現在も97歳で存命である。前年11月に死去した彼と同い年の元国家主席・江沢民《こうたくみん》の葬儀委員会にもしっかり名前が掲載され、さらに毎年の春節（旧正月）前に習近平《しゅうきんぺい》らの党指導部が必ずおこなう老同志（引退した長老）への慰問リストにも名前が出続けている。老いたりとはいえお元気のようである。

「小物界の大物」ギガントラプトル

中国で発見されたオヴィラプトルの仲間では、ほかに**ギガントラプトル・エルリアネンシス**（*Gigantoraptor erlianensis*：二連巨盗龍）が有名だ。

白亜紀後期の約８５００万年前に生息したこの恐竜の化石は、モンゴル共和国にほど近い中国領の内モンゴル自治区エレンホト市で発見された。種小名の「エルリアネンシス」も、エレンホトの漢字地名である二連浩特《アルリエンハオテー》（Èr lián hào tè）にちなんだものだ。白亜紀後期のモンゴルにはオヴィラプトルのほかに、リンチェニア（*Rinchenia*）やシチパチ（*Citipati*）、コンコラプトル（*Conchoraptor*）といったさまざまなオヴィラプトル類が生息していた。同じモンゴル高原で見つかったギガントラプトルは、これらよりもやや古い時期の恐竜だった。

ただ、ギガントラプトルは他の仲間とは異なる特徴があった。

他の仲間は体長がおおむね1・5メートル〜2メートル程度の範囲におさまるのだが、ギガントラプトルはその名前からもわかるように、なんと体長が約8・5メートル、推定体重が約1・4トン〜2・2トンという巨大さだったのだ。白亜紀初期のカウディプテリクスと比べると、体長はほぼ10倍、体重は30倍以上に達する。

一般的にオヴィラプトルの仲間は、復元図などでひょうきんな顔つきで描かれることが多く、「タマゴ泥棒」の不名誉なレッテルや体格の小ささも相まって、なんとなく「小物感」があるが、ギガントラプトルだけは例外だろう。ギガントラプトルの大きさは、他の恐竜でいえばジュラ紀を代表する獣脚類アロサウルスに匹敵する。

なお、ギガントラプトルの化石からは羽毛の存在を示す直接的な痕跡は見つかっていない。ただ、この恐竜を報告した中国科学院古脊椎動物・古人類研究所副所長の徐星は、すくなくともその前肢には羽毛があったのではないかと推測している。

なんと日本が発見に関係

このギガントラプトルの発見の経緯はかなりユニークだ。

エレンホト市ではもともと**ソニドサウルス**（*Sonidosaurus*：蘇尼特龍）という体長９メートル程度の小型の竜脚類をはじめ、３種類の新種の恐竜化石が見つかっており、２００５年４月にＮＨＫの取材チームが撮影に来ていた（なお付言すれば、体長９メートルは普通の恐竜ではかなり大型と言っていいが、体長30メートル級の仲間もいる竜脚類の場合では「小型」である）。

ＮＨＫの撮影のなかで徐星は、ソニドサウルスの発見者である地質学者の譚琳《タンリン》とともに、干上がった川底に露出していた巨大な大腿骨の化石を紹介。刷毛《はけ》を使って化石をきれいにしてみせていたのだが、その過程で徐星は、この大腿骨がどうやら竜脚類ではなく獣脚類のものらしいと気付く。

発掘現場は一気に沸き立ち、それから２年の綿密な研究期間を経て、この化石は同じ仲間のなかでは未曾有《みぞう》の巨大な体格を持つ新種、ギガントラプトルとして世界に報告されることになったのであった。

近年の恐竜研究は、鳥類との関係を考察する視点から特に獣脚類が注目されている。オヴイラプトルの仲間は獣脚類のなかでも鳥類に近い種類であり、研究の視点からは面白い存在だ。今後も中国で新たに産出する彼らの仲間が、世界の恐竜学の歴史をさらに塗り替えていくかもしれない。

コラム１　中国恐竜の命名ルールと珍名恐竜

【フアヤンゴサウルス　アブロサウルス　シノルニトサウルス　ジンフェンゴプテリクス　ディロング　ティアンユロング】

近年の中国人研究者が新種の恐竜についての報告をおこなう場合、多くの場合は先に漢字名を考案し、それからラテン語の学名を作るパターンが多いようだ。ゆえに中国語としての美しさを重視した命名も多い。

たとえば、四川省自貢市《しせんしょうじこうし》の大山舗《だいさんほ》で見つかった**フアヤンゴサウルス・タイバイイ**（*Huayangosaurus taibaii*）は、漢字では「太白華陽龍」と書き、非常に華やかな名前だ。フアヤンゴサウルスはジュラ紀中期に生息した体長４メートル、体高１・５メートルほどの原始的なステゴサウルスの仲間（剣竜）で、背中の骨の板は比較的小さく、尾の先に４本のスパイク、さらに両肩に１対のスパイクがあった。

属名の漢字表記である「華陽龍」は、四川省の古地名にあやかっている。陝西省《せんせい》に華《か》山《ざん》という名山があり、その山から見て太陽の光に照らされる方角（＝南方）に位置する四川省や雲南省は、古くは華陽《かよう》と呼ばれた。こうした歴史を踏まえた命名である。

いっぽうで種名の「タイバイイ」は、漢字では「太白」。その由来は、中国文学史上の巨星で「詩仙」の異名を持つ盛唐の詩人・李白《りはく》の字《あざな》である。李白は若いころにながらく蜀《しょく》（四川省）で暮らし、同地との縁が深い人物であった。

ファヤンゴサウルスの脳は小さく、体型からしても動きは鈍重だったとみられている。だが、雅《みやび》な古地名と詩人の名前を組み合わせた、格調高い名乗りを持つ恐竜なのである。

「名前負け」した詩人恐竜も

いっぽう、ファヤンゴサウルスと同じく四川省自貢市大山舗で発見されたジュラ紀中期の竜脚類、**アブロサウルス・ドンポイ**（*Abrosaurus dongpoi*）の漢字名も「東坡文雅龍」と、なかなか風流だ。

こちらは1984年に全長45センチほどの繊細なつくりの頭骨が見つかっており、「文雅龍」はそのイメージに由来すると思われる。いっぽう、種小名の「東坡」は、前出の李白と並ぶ中国文学史上の有名詩人、北宋《そう》の蘇軾《そしょく》の号である「東坡居士《とうは》」にもとづく。蘇軾は四川省眉山《びざん》市の出身だ。

フアヤンゴサウルス。1980年に最初の化石が見つかった。

だが、このアブロサウルスは、1986年に命名者の欧陽輝《オウヤンフイ》が「*Abrosaurus gigantorhinus*」として報告したものの国際動物命名規約に合致せず、1989年の論文で学名を「Abrosaurus dongpoensis」に修正した。ところが、こちらもラテン語として不自然だったので、1999年に別の研究者らによって「*Abrosaurus dongpoi*」に訂正される……という、「文雅」とは程遠い経緯をたどった。

命名のゴタゴタのせいか、現在でもアブロサウルスの知名度は非常に低く、中国語のネット検索でもあまり情報は出てこない。李白に対して蘇軾を持ってきたものの、残念ながら名前負けという事例である。

「ミレニアム恐竜」を抑えた王者は？

他にもめでたい漢字名を持つ恐竜としては、ドロマエオサウルスの仲間である羽毛恐竜**シノルニトサウルス・ミレニイ**の「千禧中国鳥龍」（*Sinornithosaurus millenii*）がいる。１９９９年の論文で報告されたこの恐竜は、ミレニアムにちなんで「千禧」というめでたい種名が付けられた。もっとも、後の研究では毒を持っていた可能性が指摘されており（確定はしていない）、めでたい名前とキャラクターのギャップが大きい恐竜であった。

また、河北省豊寧満族《ほうねいまんぞく》自治区から化石が見つかった体長55センチほどの白亜紀前期の小型恐竜、**ジンフェンゴプテリクス・エレガンス**（*Jinfengopteryx elegans*）も、「華美金鳳鳥」というきらびやかな漢字名を持っている。

このジンフェンゴプテリクスの化石は、非常に良好な状態で保存された羽毛の痕跡が確認されたこともあって、２００５年の報告時点では始祖鳥の仲間であると考えられた（そのため中国の科学サイトの古い記事では、原始的な鳥類として紹介されている）。ところがその後、後肢の第2指に巨大なツメが見られることや、歯の特徴などから、複数の研究者によって獣脚類のトロオドンの仲間であるとみなされるようになった。

そもそも非鳥類型獣脚類から鳥への進化は連続的であるため、ジンフェンゴプテリクスはひとまずは両者の境界あたりの恐竜ということで落ち着きつつある。

「千禧中国鳥龍」や「華美金鳳鳥」のような、おめでたい……と言うよりも華美にすぎる漢字名を持つ中国恐竜が増加したのは、1990年代後半以降だ。中国の恐竜研究の水準が向上して発掘・発見ブームが起きてからの現象である。

他にも派手な漢字名を持つ恐竜は数多い。以下、簡単な解説とともに一部を紹介しよう。

・五彩冠龍（*Guanlong wucaii*：**グアンロン・ウーカイ**）
↓新疆ウイグル自治区で発見されたジュラ紀末の古いティラノサウルスの仲間。

・半月金塔龍（*Jintasaurus meniscus*：**ジンタサウルス・メニスクス**）
↓甘粛省で見つかった白亜紀初期のハドロサウルスの仲間。

・神奇霊武龍（*Lingwulong shenqi*：**リンウーロン・シェンキ**）
↓寧夏《ねいか》回族自治区で発見された白亜紀前期のディプロドクスの仲間で、新竜脚類（Neosauropoda）では最古の化石とされる。2018年7月に『ネイチャー・コミュニケーションズ』で報告され、竜脚類の進化史を覆す恐竜として世界の注目を浴びた。

・東方華夏領龍（*Huaxiagnathus orientalis*：**ファシャグナトゥス・オリエンタリス**）
↓遼寧省北票市の熱河層群で見つかった白亜紀前期の小型獣脚類。
・巨中華麗羽龍（*Sinocalliopteryx gigas*：**シノカリオプテリクス・ギガス**）
↓遼寧省の熱河層群で見つかった白亜紀前期の小型獣脚類。

中華料理店の店名ではないかと思うほど派手な名乗りばかりである。近年の中国の恐竜学者たちは、自分が手ずから研究した恐竜たちにキラキラした名前を付けたくなるものらしい。

ピンイン系

いっぽう、今世紀以降の中国恐竜の命名で目立つもうひとつの傾向は、中国語のアルファベット表記であるピンイン（拼音）の綴《つづ》りをそのまま学名にするパターンの急増だ。もともと20世紀までの中国恐竜は、漢字名が「○○龍」であったとしても、学名は「○○サウルス」（○○のトカゲ）などのラテン語的な命名がなされるケースが圧倒的に多かった。たとえば「馬門溪龍」は「マメンチサウルス」、「青島龍」は「チンタオサウルス」といった具合である。

ところが、２００４年に報告された**ディロング**（*Dilong*、以下も煩雑になるので属名だけを書く）あたりから、「○○サウルス」系が減ってピンイン系が目立ちはじめた。すなわち、

帝龍 dìlóng → ディロング *Dilong*
冠龍 guānlóng → グアンロン（グアンロング）*Guanlong*
霊武龍 língwǔlóng → リンウーロン *Lingwulong*

このような名前が増えたのだ。

他国でもモンゴルのオヴィラプトルの仲間に「シチパチ」と、モンゴル人が信仰するチベット仏教に由来した名前が付けられたり、アメリカ・ユタ州の竜脚形類がナバホ語で「セイタード」と名付けられたりと、特に近年は現地語を学名にする風潮がある。だが、それでも近年の中国恐竜については、中国語の「直読《じか》み」で学名が付けられる例が多すぎる印象がある。

日本の場合、映画『ドラえもん　のび太の恐竜』にも登場した首長竜のフタバスズキ

リュウや、北海道大学教授の小林快次《こばやしよしつぐ》らのグループが全身骨格を発見した「むかわ竜」のような、和名がそれなりに広く世間に定着した有名な古生物でも、学名はそれぞれ「フタバサウルス・スズキイ」(*Futabasaurus suzukii*)、「カムイサウルス・ジャポニクス」(*Kamuysaurus japonicus*) と、ラテン語的な命名がなされている。新種の生物にいかなる学名をつけるかは報告者の自由とはいえ、しっかりとラテン語の学名をつけたほうが、海外の研究者がその特徴をとらえやすく便利でもある。

いっぽう、近年の中国の恐竜研究者は、学名に自国語の表記を押し通したり、非漢字文化圏の人には意味がわからないキラキラした漢字名ばかりを付けたがったりする傾向が目立つ。「ちょっと横着ではないのか?」とも思うが、いまのところ問題視する意見はあまり出ていないようだ。

メディアも研究者も読み方は一定しない

中国恐竜の名前について、もうひとつ重要な問題を指摘しておこう。

注意深い人はすでにお気付きかもしれないが、本来は同じ「龍」という漢字の中国語音(lóng)に由来する学名について、日本語のカタカナ表記は、「ロング」と「ロン」が混在している。

ティアンユロング。鳥盤類の恐竜だが、化石からは羽毛のような繊維状の外皮構造が確認された。ちなみに中国名は「孔子天宇龍」。

ゆえに、中国恐竜のなかでも有名どころであるグアンロン（グアンロング）ですら、日本語での呼称はまちまちだ。たとえば『現代思想』（2017年8月臨時増刊号）の恐竜特集号を確認すると、なんと小林快次・北海道大学教授は「グアンロング」表記で、冨田《とみだ》幸光《ゆきみつ》・国立科学博物館名誉研究員は「グアンロン」表記と、第一線の恐竜研究者の間ですら表記が一定していない。

大手メディアについても同様だ。『朝日新聞』は中国の恐竜に関連した記事が比較的多いが、「帝龍」は「ディロング」と書いている反面、霊武龍は「リンウーロン」である。強力な校閲体制を持つ大手新聞ですら表記が一定しないほど、「ロング」「ロン」問題は決着が付いていない。

さらに余談を書けば、コラム2で紹介する中国古生物学の泰斗・楊鍾健《ヤンヂョンジエン》（C.C.Young）のカタカナ表記も、「楊《ヤン》」の語尾のGを発音して「ヤング博士」と表記されている例が少なからずある。

「ティエン・ユィ・ロン」か「ティアンユロング」か？

中国語のピンインは、日本語のヘボン式ローマ字と比較しても読み方のクセが強い。

そのため、ピンイン由来の中国恐竜の名前は、日本語のカタカナにすると表記が大きくブレる。

たとえば、遼寧省のジュラ紀後期の地層で発見された、羽毛を持っていたとみられるヘテロドントサウルスの仲間の鳥盤類の恐竜、**ティアンユロング**（ティアニュロング）は、「天宇龍」（tiān yǔ lóng）という中国語の原音に近い形でカタカナで書くと「ティエン・ユィ・ロン」だ。

また、甘粛省で発見された白亜紀前期のブラキオサウルスの仲間である**キャオワンロング**（クィアオワンロング）も、原音の「橋灣龍」（qiáo wān lóng）に近い書きかたは「チャオ・ワン・ロン」である。

生物学の世界においては、学名になった時点で、その呼称はいかなるスペルであれ「ラテン語」とみなされるため、発音は各国の研究者が好きなようにおこなって構わないという。「ティエン・ユィ・ロン」を「ティアニュロング」と読んでも別に問題はないようだ。

とはいえ、子ども向けの図鑑や博物館の恐竜展で、中国語由来の名前を持つ恐竜が数多く登場している昨今の状況を考えると、そろそろ「ロン」と「ロング」くらいは表記を統一したほうがよいように思える。普通に考えれば「ロン」で揃えるのが自然だろう。

……もっとも、「龍」の表記を「ロン」で統一した場合、ある問題が発生する。

それは獣脚類のディロングの呼称だ。

「ディロング」という単語の語感はいかにも重々しくて強そうであり、たとえ実際は体長１・６メートルのミニ恐竜であったとしても、ティラノサウルスの過去の眷属《けんぞく》にふさわしい威厳を感じさせる。これが「ディロン」になると、なにか物足りない気はしないだろうか。

中国恐竜のカタカナ表記はもっとわかりやすくするべきだと思う。だが、ディロングの呼称についてだけは、いち恐竜ファンとしてはまことに悩ましい。

第2章　レジェンド中国恐竜秘話

――『ドラえもん』でも有名な中国恐竜たち

戦時下で化石を掘り出された「古参恐竜」、現在も研究継続中
【ルーフェンゴサウルス】

アパトサウルス（ブロントサウルス）やブラキオサウルス、ディプロドクスなどに代表される竜脚類は、恐竜のなかでも人気が高いグループである。この仲間にはスーパーサウルスをはじめ、体長30メートルを超える、史上最大級の陸上脊椎《せきつい》動物とみられる種も含まれる。彼らはジュラ紀前期から白亜紀の最末期まで1億数千万年にわたって繁栄し続け、なかには恐竜の絶滅後とされる新生代初期まで生存した可能性が唱えられた種（アラモサウルス）までいる。まさに恐竜のロマンを体現するグループと言っていい。

いっぽう、竜脚類と近縁な恐竜、すなわち原始的な竜脚形類たち、一昔以上前の図鑑で「古竜脚類」と呼ばれていたグループについては、世間の注目度はいまひとつである。プラテオサウルスやマッソスポンディルスなどが含まれる仲間のことだ。

彼らの最盛期は三畳紀後期からジュラ紀前期ごろだった。恐竜が地上の王者になってほどないころで、化石の発見数も相対的に少ないこともあって、もともとマイナーなイメージを持たれがちな時期である。

ルーフェンゴサウルス。それまでは恐竜よりも哺乳類の化石研究に熱心だった楊鐘健（C.C.Young）を、「中国恐竜学の父」に変えるきっかけを作った恐竜でもある。

彼らはこの時代では地上最大級の生物だったが、多くの種の体長は10メートル程度にとどまり、後世の大型の竜脚類のようなインパクトはない。また、カッコいいツノやトサカが生えていたわけでもなければ、獰猛《どうもう》なハンターだったわけでもない（多くが雑食か植物食だったとみられている）。

学術的な見地からは、恐竜の進化を考えるうえで重要なグループなのだが、残念ながら外見や生態は地味。一般の恐竜ファンからはあまり人気が高くない恐竜の仲間である。

マイナーな種類なのに「中国ではメジャー」

ところが中国恐竜の世界では、この原

始的な竜脚形類のある種が、長年にわたりトップクラスの知名度を誇っている。

その名は**ルーフェンゴサウルス・フェネイ**（*Lufengosaurus huenei*：許氏禄豊龍）だ。体長5〜6メートル、体高2メートル程度の恐竜である。

当初、その化石は三畳紀後期の地層から出たと思われていたが、後に約1億9000万年前のジュラ紀前期へと訂正された。比較的長い首と長い尾を持ち、頭部は非常に小さい。やや短い前肢には5本の指があり、特に親指のツメが大きい。

後の時代の竜脚類と違い、前肢の構造からおそらく二足歩行をしていたとみられている。食性は雑食もしくは植物食（胃石が骨格と一緒に発見されており、植物食であった可能性は高い）。体型は同じ仲間のプラテオサウルスによく似ていたが、プラテオサウルスより小型であった。

中国にある歴史の古い恐竜博物館に行くと、高確率でルーフェンゴサウルスの全身骨格レプリカに出会う。また、かつて1958年に中国で最初の恐竜シリーズ切手が発行された際にはトップバッターに選出された。中国国家を代表する、堂々たるメジャー恐竜というわけだ。

その理由は、彼らが中国国内で発見された時期と、化石の発見数の多さにある。しかもルーフェンゴサウルスの研究史の背後には、8年間に及ぶ日中両国の熾烈《しれつ》な戦争の歴史が横たわっているのである。

戦時下の辺境で見つかった恐竜

ルーフェンゴサウルスの化石が見つかった時期は、1939年と非常に古い。

ルーフェンゴサウルスの全身化石。中国古動物館にて筆者撮影。

発見の場所は中国西南部に位置する、雲南《うんなん》省禄豊《ろくほう》県沙《さ》湾《わん》地域の山の斜面である。現在の中華人民共和国の行政区画では楚《そ》雄《ゆう》イ族自治州禄豊市、その名からもわかるように少数民族が多い地域だ。1939年当時は、現在にもまして「辺境」と言っていい場所だった。この時代、中国では恐竜の化石がほとんど見つかっておらず、中国人研究者による研究も極めて低調だった。

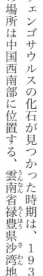

では、なぜ中国恐竜学の黎明《れいめい》期、辺境の地で化石が見つかり、それが学術的な研究対象になり得たのか。その遠因は2年前の1937年に起きた盧溝橋《ろこうきょう》事件である。

事件によって日中間に戦端が開かれ、やがて日本軍の侵攻によって北平《ぺいぴん》（北京）や南京《なんきん》といった主要都市の多くは陥落。対して当時の中華民国のリーダーであった蔣介石《しょうかいせき》は、西南部の重慶《じゅうけい》（当時は四川省）を臨時首都とし、広大な中国大陸の奥地にこもって抗戦を継続する方針を採用した。

このとき、政府機関のみならず大学などの学術研究機関の多くも四川省や雲南省に移され、研究者たちもこれに従った。その亡命学者の群れには、後に中国恐竜学の泰斗として名を知られる楊鍾健《ヤンチョンジエン》（コラム2参照）の姿もあった。

1938年7月、雲南省で中華民国経済部中央地質調査所昆明《こんめい》弁公室の主任となった楊鍾健は、省内での地質調査と古生物化石調査を開始する。すると同年末に、やはり疎開中であったアメリカ生まれの華人地質学者である卞美年《ビエンメイニエン》（Bien, Edward M.）たちが、省都・昆明市から大理《だいり》市に向かう途中の禄豊県一帯に大量の脊椎動物の化石が含まれた地層を発見する。そこで翌年、楊鍾健は卞美年とともに現地を再調査。その結果、さらに多くの地層を発見し、発掘にとりかかった。

これによって、恐竜類に近縁な動物である**ルーコウサウルス・イニ**（*Lukousaurus yini*：尹氏盧溝龍）や獣脚類の**シノサウルス・トリアシクス**（*Sinosaurus triassicus*：三畳中国龍）、竜脚形類の**ギポサウルス・シネンシス**（*Gyposaurus sinensis*：中国兀龍）や**ユンナノサウルス・フアンギ**（*Yunnanosaurus huangi*：黄氏雲南龍）、さらに恐竜とは異なる大型の古生物である単弓類の**ビエノテリウム・ユンナエンセ**（*Bienotherium yunnaense*：雲南卞氏獣）などの化石が見つかったのだが、これらのなかでも保存状態が良好だったのがルーフェンゴサウルスだった。

これらの恐竜や古生物の名前は、化石の発見地である「雲南」や「中国」が冠されたものが多いのだが、ちょっと異色なのが１９４０年に命名されたルーコウサウルスだ。こちらも地名が由来とはいえ、その場所は雲南省から遠く２０００キロほど離れた北京の郊外。すなわち、日中戦争が勃発《ぼっぱつ》した場所である盧溝橋にちなんだ命名である。

恐竜も戦争や国際政治と無縁でいられなかった時代を象徴するエピソードだろう。

重慶大爆撃から生き残って研究

１９４０年、昆明弁公室が解消されたことで、楊鍾健ら研究者たちは臨時首都の重慶にある中央地質調査所の総本部に移った。日本軍による重慶市内への絨毯《じゅうたん》爆撃が繰り返されるなか、生命の危険におびえながらの研究継続である。

だが、楊鍾健は戦火にも負けず、１９４１年にルーフェンゴサウルスの模式種の名を冠した書籍『ルーフェンゴサウルス・フェネイ・ヤンの完全骨学』を上梓《じょうし》。これは中国恐竜研究の分野で初めて中国人研究者が出版した学術書となった。その後、保存状態が良好だったルーフェンゴサウルスの化石は楊鍾健たちによって全身骨格が組み立てられる。これも中国人の手による研究成果としては初のことだった。

中国では旧満洲で見つかったハドロサウルスの仲間の鳥脚類が、1930年に「**マンチュロサウルス・アムレンシス**（*Mandschurosaurus amurensis*：阿穆爾満洲龍）」の名で報告されており、同国で初めて化石が見つかった恐竜として「神州第一龍」の異名を持つ。とはいえ、こちらはロシア人学者によって研究されたものだった（147ページ参照）。

いっぽうルーフェンゴサウルスの場合は、中国人の研究者によって発掘から論文発表まで体系的な研究がおこなわれた最初の恐竜となる。そのため、やはり「神州第一龍」と呼ばれることがある。

やがて中華人民共和国の建国後、ルーフェンゴサウルスは中国恐竜の筆頭格として扱われていく。これには、抗日戦争（日中戦争）に負けずに研究を貫徹したという中国好みのストーリーも大きく関係していたのだろう。

かつて海だった雲貴高原にて

ルーフェンゴサウルスの化石が見つかった雲南省の禄豊市付近は、市の中心部でも海抜が1500メートルを超える高原地帯で、沖縄県の石垣島《いしがきじま》とほぼ同じ緯度にもかかわらず年平均気温が16・2℃（ちなみに石垣島は24・3℃）と過ごしやすい気候である。

だが、かつて三畳紀の雲貴《うんき》高原は、パンゲア大陸の辺端に広がる海だった。南方から海水が入り込み、巨大な内海のようになっていたようである。やがて三畳紀後期から、ルーフェンゴサウルスが生きていたジュラ紀前期にかけて海水面が下がり、シダ植物が繁茂する水辺の多い陸地になったらしい。

生物が暮らしやすく、化石が残りやすい環境だったのだろう。この地層からは、すでに名前を挙げたシノサウルスやユンナノサウルスなどのほか、原始的な竜脚形類のアンキサウルスの仲間、奇妙なトサカを持っていた獣脚類のディロフォサウルスの仲間、最初期の哺乳《ほにゅう》類のひとつであるメガゾストロドンの仲間など、数多くの脊椎動物の化石が見つかっている。

ちょっと面白いのは、ルーフェンゴサウルスと同じ地層から、最初期の竜脚類とみられる**クンミンゴサウルス・ウディンゲンシス**（*Kunmingosaurus wudingensis*：武定昆明龍）が見つかった例があることだ。

もともとクンミンゴサウルスは、1954年に化石が見つかった時点では、ルーフェンゴサウルスの仲間であるとみなされ、ルーフェンゴサウルス・マグヌス（*Lufengosaurus magnus*：巨型禄豊龍）という学名もつけられていた。だが、1985年に身体的特徴から竜脚類であるとされ、新種として名前もクンミンゴサウルスに改められた（ただしその後は研究が進んでおらず、「クンミンゴサウルス」も正式な学名ではない)。

仮にほぼ同じ時期の同じ場所で、「古竜脚類」(原始的な竜脚形類)のルーフェンゴサウルスと竜脚類のクンミンゴサウルスが一緒に暮らしていたとすれば興味深い現象だろう。

クンミンゴサウルスは竜脚類としては小型で、全長11メートルほど。後世の仲間たちと比べると首もやや短く、竜脚類のなかでも原始的な種だったとみられている。とはいえ、クンミンゴサウルスの体格は、ルーフェンゴサウルスよりもすこし大きい。ジュラ紀前期までは存在感があったルーフェンゴサウルスの仲間たちは、やがて、より巨体化する方向に進化していった竜脚類に生息域を奪われる形で衰退していったのかもしれない。

次々と大発見を生む「神州第一龍」

ルーフェンゴサウルスは、数が多い生き物だったのか、それとも化石が残りやすい環境に多く分布していたのか、現在までに中国全土で30体以上の化石が見つかっている(余談ながら彼らと近い仲間である三畳紀のプラテオサウルスも、ドイツ・フランス・スイス・グリーンランドなど欧州の各地で数多く化石が発見されている)。

私たちが中国のあちこちの博物館でルーフェンゴサウルスに出会えるのは、「神州第一龍」という歴史的経緯のほかに、こうした事情も関係しているのだ。ルーフェンゴサウルスの化石の発見数が極めて多いことは、研究の進展のうえでもプラスになっている。

２０１３年には、カナダのトロント大学の古生物者ロバート・Ｒ・ライス率いる国際研究チームが、雲南省で発見された20体のルーフェンゴサウルスと思われる胚《はい》化石を分析し、胚が驚異的な成長速度で育っていたことを明らかにした。

また、２０１７年2月には1億９５００万年前のルーフェンゴサウルスの肋骨《ろっこつ》化石の血管のなかから、タンパク質の断片が発見された。これは従来の研究よりも1億年以上もさかのぼる、化石中に保存された最古のタンパク質だった。

さらに２０１８年3月には、別のルーフェンゴサウルスの肋骨の化石に骨髄炎の痕跡《こんせき》が残っていたことが報告されている。どうやら肉食恐竜に噛《か》まれたことで細菌感染を起こしたものらしく、ルーフェンゴサウルスの生態を解明するうえでも重要な発見だった。

かつて日中戦争の戦火のなかで研究がおこなわれた、中国で最も古い時期から知られてきた恐竜・ルーフェンゴサウルスは、状態が良好な化石が多く出ていることもあって、現在でも学術的に非常に重要な存在なのである。

地味な外見にもかかわらず、長年にわたり中国恐竜の代表選手として知られてきたルーフェンゴサウルスは、古くて新しい。なかなかあなどれない恐竜なのだ。

ドラえもんでおなじみのあの恐竜が見つかるまで【マメンチサウルス】

日本は、状態のいい恐竜の化石が比較的見つかりにくい国である。

2010年代後半に世間の話題をさらった「むかわ竜」ことカムイサウルスがあれほど注目されたのは、ほぼ全身の骨格が見つかった新種だからであった。日本は恐竜の全身骨格が見つかるだけで大騒ぎになる国なのだ（ちなみに中国の恐竜関係者に聞いたところ、日本の25倍の国土面積を持つかの国では年間に20体くらいは恐竜の全身の化石が見つかり、ありふれた現象であるそうだ）。

しかし、日本人の恐竜人気の裾野《すその》は中国よりもずっと広く、また深い。その理由は昭和時代の怪獣ブームも関係していそうだが（ゴジラやアンギラスの姿や生態は実際の恐竜とは大きく違うものの、世間の視野を大きく広げたことは間違いない）、もうひとつ忘れてはならないのが、国民的漫画作品『ドラえもん』が果たした役割だ。

作者の藤子《ふじこ》・F・不二雄《ふじお》は恐竜への造詣《ぞうけい》が深く、映画の大長編ドラえもんの第1作『のび太の恐竜』で恐竜時代へのタイムスリップを描いたのをはじめ、作中で恐竜を主題とした回をいくつも執筆している。

そのなかでも印象深いのが、「恐竜さん日本へどうぞ」（てんとう虫コミックス31巻）だ。中国恐竜展を見て感激したのび太とドラえもんが、タイムマシンで中生代の中国にタイムスリップして、「招待錠」という薬を飲ませて中国の恐竜たちを日本に呼んでこようとする……、というストーリーである。

この作品で「招待」された中国恐竜は、鳥脚類の**チンタオサウルス**、ステゴサウルスの仲間（剣竜）の**トゥオジャンゴサウルス**、獣脚類の**ヤンチュアノサウルス**、翼竜（恐竜ではない）の**ズンガリプテルス**など。そのなかで真打ちとして登場するのが、竜脚類の**マメンチサウルス**だ。

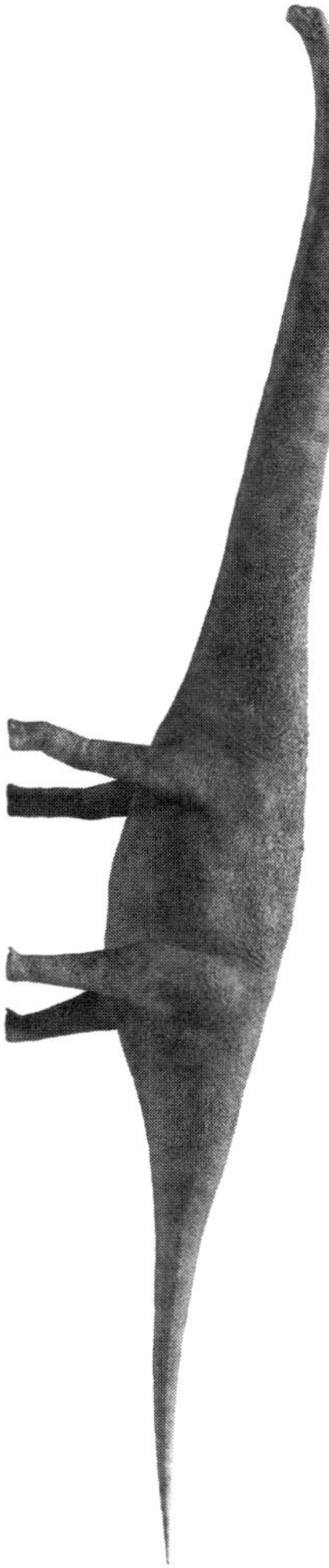

マメンチサウルス。見ての通り、長い頸部と尾が特徴。

マメンチサウルスはジュラ紀後期に生息していた。作中でのび太とドラえもんが「大迫力!!」と叫んでいたように、全長22メートルの巨体を誇った。全長のうちで半分を頸部《けいぶ》が占めており、優美なスタイルを持つ恐竜だった。

博士の発音は訛っていた

マメンチサウルスの化石が見つかったのは、中華人民共和国の建国から3年後の1952年、四川省宜賓《ぎひん》県(現、宜賓市)の馬鳴渓《ばめいけい》でのことだ。長江《ちょうこう》の上流である金沙江《きんさこう》沿いで、自動車道路を建設するために山を切り崩して工事がおこなわれた際、労働者が岩盤を爆破。そこで出てきた石のなかに恐竜の化石らしきものがあり、道路工事チームが地元当局に報告したことがきっかけになった。

結果、宜賓県当局は工事の一時中止を決定。爪先《つまさき》の化石がサンプルとして北京へ送られ、中国古生物学の泰斗・楊鍾健が発掘調査にやってくることとなる。やがて巨大な竜脚類の化石が掘り出され、1954年に**マメンチサウルス・コンストルクトゥス**(*Mamenchisaurus constructus*:建設馬門溪龍)と命名された。社会主義国家・中華人民共和国の建国からほどない時期に、国の主役である労働者によって工事現場で発見されたという経緯もあってか、ユニークな種小名がつけられた形だ。

もっとも、ユニークなのは「マメンチサウルス」という属名も同様である。四川省の「馬《マア》鳴溪《ミンシー》」（Mǎ míng xī）で発見された恐竜の漢字名が、なぜ「馬門溪《マアメンシー》」（Mǎ mén xī）になっているのか。

その理由はなんと、楊鍾健の言葉の訛《なま》りが強かったことで、彼本人も周囲のスタッフたちも、発掘された場所の地名を誤記してしまったからであった（楊の故郷の陝西《せんせい》方言では「鳴」と「門」は同音になるという）。本来、マメンチサウルスは「マミンチサウルス」だったかもしれないのである。

中華人民共和国の建国直後で、標準中国語の発音や漢字表記がまだ確定しきっていなかった時代らしいエピソードだと言えよう。

郭沫若とマメンチサウルス

やがて１９５７年４月、四川省の合川《ごうせん》県（現、重慶市合川区）で天然資源の調査をおこなっていたチームが巨大な化石を発見する。

しばらくの紆余《うよ》曲折を経て、１９６４年に北京に送られ、楊鍾健と、同じく著名な研究者である趙喜進《ヂャオシイジン》（Zhao Xijin、47ページ参照）によって**マメンチサウルス・ホチュアネンシス**（*Mamenchisaurus hochuanensis*：合川馬門溪龍）と名付けられることとなる。この化石は前肢と頭蓋骨《とうがい》が欠けていたものの、頸椎から尾椎までが良好な状態で保存されており、マメンチサウルスが異常なほど長い首を持っていたことが明らかになった。

1965年に全身骨格が組み立てられ、北京ではじめて公開された際は、中国科学院院長で当時の中国随一の知識人とされた歴史学者の郭沫若《グオモールオ》（Guo Moruo）が観覧。郭沫若はその巨体に感動して「合川馬門溪龍」と揮毫《きごう》をおこなっている。

マメンチサウルスの模式種は、先に紹介したコンストルクトゥスだが、化石の保存状態の良さや歴史的経緯もあってか、ホチュアネンシスのほうが世界的によく知られている（1966年に文化大革命が勃発して知識人が激しい迫害を受けるなか、楊鍾健が自分の身を守る目的から、「政治的に正しい」ホチュアネンシスの骨格模型を大量に制作したことも関係していた模様である）。日本の福井県立恐竜博物館で展示されているマメンチサウルスの骨格模型も、ホチュアネンシスのものだ。

マメンチサウルスの仲間はその後も、四川省・雲南省・甘粛省など中国各地で合計11種が見つかっている。ただ、正式な学術論文に記載されていないものや、有効性に疑義のあるものも少なからずあるようだ。

これらのなかで有名なのは、新疆ウイグル自治区で見つかったマメンチサウルス・シノカナドルム（*Mamenchisaurus sinocanadorum*：中加馬門溪龍）で、一説では全長35メートルに及

チンタオサウルス。頭部の奇妙な突起はこの恐竜のトレードマークだったはずだが……。

ぶ史上最大級の恐竜だった可能性もあるという。

おなじみの「頭の突起」は本当にあったのか？

【チンタオサウルス】

かつての「昭和の恐竜図鑑」を知る世代の人なら、中国恐竜の代表選手として彼らの名前とその姿が浮かぶ人もいるのではないだろうか。

チンタオサウルス・スピノリヌス（*Tsintaosaurus spinorhinus*：棘鼻青島龍）という学名の通り、頭のてっぺんに奇妙な突起を持つ、白亜紀後期に生息した体長8〜10メートルほどのハドロサウルスの仲間のことである。先に紹介した『ドラえもん』「恐竜さん日本へどうぞ」でも登場した有名な恐竜だ。

往年、ハドロサウルスの仲間は「カモノハシ竜」とも呼ばれた。なかでもランベオサウルス亜科のランベオサウルス、パラサウロロフス、コリトサウルス、そしてチンタオサウルスなどはいずれも頭部に特徴的な突起を持つことで知られてきた。かつてはカモノハシ竜について、水辺で生活していたという説があり、このトサカをシュノーケルや空気ボンベのように使って水中でも呼吸ができた……などという仮説もささやかれていた（いずれも古い仮説である。後年の研究では、そもそもハドロサウルス科の恐竜は陸上で暮らしていたとみられている）。

戦前から注目されていた地層

チンタオサウルスが見つかったのは中国沿海部にある山東省《さんとう》萊陽市《らいよう》だ。まずは発見の前史から説明していこう。

もともと、このあたりに中生代の地層が広がっていることを発見したのは、中国地質学の草分け的存在である譚錫疇《タンシーチヨウ》（H.C.Tan）であった。1922～23年、中華民国農商部地質研究所の調査員だった譚錫疇は萊陽の地質調査をおこない、恐竜らしき骨を含めて、魚類や昆虫・植物などの化石を大量に発見した。

このときに見つかった恐竜の化石はハドロサウルスの仲間とみられ、1929年にスウェーデンの古生物学者カール・ウィーマン（Carl Wiman）によって**タニウス・シネンシス**（*Tanius sinensis*：中国譚氏龍）として報告された。「タニウス」の由来はもちろん、発見者の譚の名前にちなんだものだ。

やがて山東省の地層は、先のルーフェンゴサウルスやマメンチサウルスの記事にも登場した中国古生物学の泰斗・楊鍾健からも注目されはじめる。楊鍾健は１９３４年から翌年にかけて山東省を２回訪れ、新生代の哺乳類や植物・魚類・両生類の化石を採集した。

中国の古生物研究の黎明期であった当時、山東省は中国内地でも有数の古生物化石の宝庫であろうとみなされた。だが、その後の日中戦争と社会主義革命の勃発で、なかなか研究を進められない時代が続いた。

楊鍾健は日中戦争中にも疎開の過程で山東省を訪れているが、このときはさすがに深い研究はできなかったようである。

「新中国第一龍」の発見

そんな状況に変化が訪れたのは、中華人民共和国が建国されて国内情勢がひとまず安定した１９５０年の春だ。

中国の化石哺乳類研究の草分けとしても知られる周明鎮《ヂヨウミンヂエン》（Minchen Chow）が、地元の山東大学地鉱学部の学生を連れて野外地質探査訓練をおこなっていた際に、萊陽県（地名は当時）の呂格荘金崗口《りよかくそうきんこうこう》村付近で、巨大な骨格とタマゴの化石を見つけたのである。

翌年、知らせを受けた楊鍾健が北京から地質学者たちを伴って現地に向かい、山東大学と共同で発掘を進めたところ、頭から細長い突起が突き出た奇妙な頭骨を持つ、鳥盤類の骨格を掘り出すことに成功した。この恐竜が、やがて1958年に研究報告がなされるチンタオサウルスだった。

化石が見つかったのは萊陽にもかかわらず、わざわざ隣の青島の地名がつけられたのは、やや奇妙である。楊鍾健の弟子でやはり中国恐竜学の大家である董枝明《ドンヂーミン》（Dong Zhiming）が、後世に中国メディアの取材に応じて語ったところでは、化石を見つけた周明鎮の所属先である山東大学の当時のキャンパスが青島市内にあり、また楊鍾健も青島市内にベースを置いて研究を進めていたことが「チンタオサウルス」命名の理由だという。

なにより、命名者の楊鍾健が青島の国際的な知名度を重視したこともあったのだろう。青島はかつてドイツの租借地であり、1903年にドイツの技術を取り入れて作られた青島ビールは、現在にいたるまで中国を代表するビールとして広く名前が知られている。

ちなみに、青島は現代中国語のアルファベット表記では「Qing dao」と書くが、チンタオサウルスの綴りは「Tsintao」となっている。中国政府がピンイン表記を定めたのは、ちょうどチンタオサウルスの学名が報告されたのと同年の1958年だったため、楊鍾健は使い慣れた古い綴《つづ》りで学名を付けたようである。

（余談ながら、２０１７年には莱陽の地名を冠した**ライヤンゴサウルス・ヨウンギ**（*Laiyangosaurus youngi*：楊氏莱陽龍）というハドロサウルスの仲間が報告されている。こちらはチンタオサウルスとは違って頭部に突起がなく、サウロロフスに近い恐竜だったようだ。名前ももちろんピンイン由来の表記である。）

キャラクター性を台無しにする新仮説

チンタオサウルスは、中華人民共和国の建国後の最も早い時期に化石が見つかった恐竜のひとつだ。ゆえに「新中国第一龍」の異名が付くなど、中国を代表する恐竜として広く知られてきた。１９９３年には前出のタニウスの仲間の一部についても、実はチンタオサウルスであったことが判明するなど、発見された時期が古いにもかかわらず活発な研究がその後も続けられている。

近年になり、チンタオサウルスについての衝撃的な仮説も発表された。模式種名「スピノリヌス」の由来でもある特徴的な頭部の突起が、実はあんな形ではなかったというのだ。

２０１３年、ドイツ・バイエルン州立古生物学・地質学博物館のアルベルト・プリエト・マルケス（Albert Prieto-Márquez）とテキサス州立大のジョナサン・R・ワーグナー（Jonathan R. Wagner）が発表した論文では「チンタオサウルスの頭部の突起はもっと大きく、ドーム状になっていた」と主張されている。これまでに見つかった化石では、たまたまドーム部分の後ろ半分しか残っていなかったので、従来のような「ユニコーン」型の奇妙な復元イメージが広がったというのである。

事実、ランベオサウルス亜科の恐竜には、コリトサウルスやパラサウロロフスなど、頭頂や後頭部にドームやトサカがあり鼻孔と繋《つな》がったタイプの頭蓋骨を持つ仲間が多い。チンタオサウルスについても、これらと同様の姿だった可能性は充分にありそうに思われる。

ただ、独特のユニークな頭の突起は、中国の恐竜の代表選手・チンタオサウルスの最大の特徴としてこれまで知られてきた。

研究の進展により新たな事実が明らかとなるのはよいことだが、結果的にチンタオサウルスが「キャラ立ち」しなくなるのは、ちょっと残念な話かもしれない。

「峨眉山の恐竜」は現在でも新種が見つかる？【オメイサウルス】

この章ではすでに、中国を代表する恐竜として、**ルーフェンゴサウルス**と**マメンチサウルス**という2種類の竜脚形類を紹介してきた。いっぽう、これらと競うほど早い時期に化石が見つかったにもかかわらず、一般社会での知名度がそこまで高くないのが**オメイサウル**

ス（*Omeisaurus*：峨眉龍）だ。マメンチサウルスと近い仲間で、ジュラ紀中期に生息した竜脚類である。

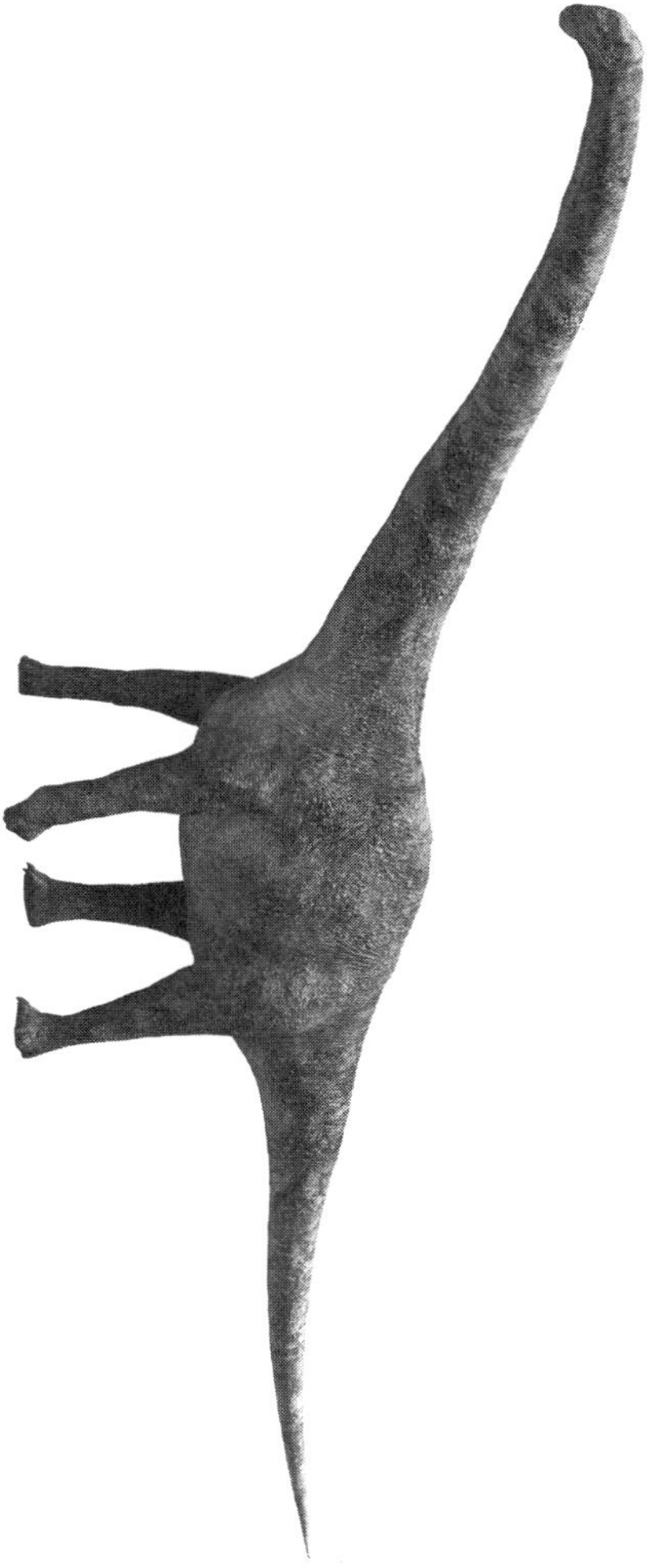

オメイサウルス。名前の由来になった峨眉山は中国仏教の霊山として知られる。

自貢一帯で最初の恐竜化石、1915年に発見

オメイサウルスの名前は、その漢字名「峨眉龍」からもわかるように、四川省の名山・峨《が》眉《び》山《さん》にちなむ。これまでに6～7種が報告されている仲間の多くは、中国の恐竜の里のひとつとして有名な四川省自貢《じこう》市の一帯で見つかることが多い。

この自貢付近で、研究者によって最初に恐竜の化石が確認されたのは、なんと辛亥《しんがい》革命からほどない1915年だ。当時の中華民国中央資源委員会において、アメリカの地質学者G・D・ラウダーバック（George Davis Louderback）が招聘《しょうへい》され、四川省中南部で石油や天然ガス資源を調査していた。そして、栄《えい》県付近の河岸で恐竜とみられる歯と大腿《だいたい》骨の化石を発見したのだ。

もっとも、この時点でラウダーバックは化石をそれほど重視しなかったらしく、標本はアメリカに持ち帰られてカリフォルニア大学の古生物博物館に眠ることになった。

やがて1930年代もなかばになってから、アメリカの古生物学者C・L・キャンプ（Charles Lewis Camp）がこの標本を見つけ、恐竜の歯の化石であることに驚いた。そこで、キャンプはさらなる調査のために四川省に飛んだのである。

（余談ながら、ラウダーバックが1915年に見つけた化石に**アギリサウルス・ラウダーバッキ**（*Agilisaurus louderbacki*：労氏霊龍）という学名が付いたのは1990年のことだ。ジュラ紀中期

に生息した体長1・2～1・7メートル程度の原始的な鳥脚類だった。）

「スイカ山」で竜脚類を発見

1936年春、四川省に到着したキャンプは、往年のラウダーバックの調査ルートをなぞりながら化石探しの旅をはじめた。彼に同行したのは、すでに本書でも何度も名前が出てきた楊鍾健である。

楊鍾健とキャンプのコンビは過去にラウダーバックが化石を見つけた地点を特定することはできなかったものの、調査を通じて、化石が出そうな場所を5ヵ所に絞り込んだ。

そのうちのひとつが、栄県の中心部から東に1キロほど離れた西瓜山《せいかざん》（スイカ山）の山中だった。やがて、彼らは西瓜山近くの小さな丘の上の砂質泥岩からひとかけらの化石を発見し、その場所を試しに掘り続けたところ、1・5メートルもの肋骨らしき化石があらわれた。

楊とキャンプのチームはそれからおおむね12日間ほどを発掘に費やし、肋骨や脊椎、頸椎、仙骨、左上腕骨などの骨を見つけた。頭部と尾を除いて、身体のかなりの部分の骨が化石化しており、良好な状態の化石だった。

この化石は北京の楊の研究室へ送られた。やがて、日中戦争下の1939年、楊によって**オメイサウルス・ジュンシエンシス**（*Omeisaurus junghsiensis*：栄県峨眉龍）という学名が付けられる。これがオメイサウルスの模式種である。

２０２１年にも新種報告

その後、オメイサウルスの仲間とされる恐竜が、四川省や重慶市（１９９７年までは四川省）から数多く見つかるようになった。楊自身が報告したものとしては、１９５８年に重慶市長《ちょう》寿《じゅ》県（現在の長寿区）の水力発電用ダム工事現場で発見された**Ｏ・チャンショウエンシス**（*O. changshouensis*：長寿峨眉龍）がある（ややこしいため、ここからは略称で「Ｏ」を使う）。

さらに１９８０年代にかけて、**Ｏ・フーシエンシス**（*O. fuxiensis*：釜溪峨嵋龍、１９８３年）、**Ｏ・ティアンフエンシス**（*O. tianfuensis*：天府峨嵋龍、１９８４年）、**Ｏ・ルオクアネンシス**（*O. luoquanensis*：羅泉峨嵋龍、１９８８年）の３種が見つかり、さらに21世紀に入ってから**Ｏ・マオイアヌス**（*O. maoianus*：毛氏峨眉龍、２００１年）、**Ｏ・ジャオイ**（*O. jiaoi*：焦氏峨嵋龍、２０１１年）などが見つかった。もっとも、Ｏ・マオイアヌスについてはその後、マメンチサウルスあるいは**シンジャンティタン**（*Xinjiangtitan*：新疆巨龍）の仲間ではないかとする指摘がなされるなど、混乱もあるようだ。

そして２０１５年のはじめ、重慶市雲陽《うんよう》県普安《ふあん》郷の山のなかで化石らしきものが見つかり、２０２１年になり報告されたのが、全長16メートルほどと推定される**Ｏ・プシエンニ**（*O.

puxiani：普賢峨眉龍）だ。オメイサウルスの仲間のなかでは最も新しく知られた種である。

O・プシエンニは、全身の約40％が見つかっている。仙骨の形、首の構造などが、いずれもこれまでに見つかったオメイサウルスの仲間とは大きく違うため、新種として報告された。もっとも、より重要なのは、この恐竜が見つかった場所の周囲が世界的な規模の恐竜化石の密集ゾーン（雲陽普安化石群）であると判明したことである。

２０２０年６月９日付の『光明日報《グァンミンリーバオ》』によると、この恐竜化石壁からは、竜脚形類・竜脚類・獣脚類・鳥脚類・剣竜類など各種の恐竜の化石が見つかった。さらに海棲爬虫類《かいせいはちゅう》の首長竜類やカメ類、二枚貝など海の生き物の化石も発見されている。その数は、２０２０年６月までだけでも１万点近くにのぼるという。

中国の著名な恐竜学者・徐星《シュイシン》（Xu Xing）の見立てによれば、この土地は１億６０００万年ほど前は湖の岸辺だったようだ。しかし、幾度かの大規模な災害により生物の大量死が発生。それがこの「恐竜化石壁」が成立した事情だとみられている。

中国最古参に近い恐竜としての存在感を放ちつつ、２０２０年の新種発見ニュースまで、オメイサウルスはさまざまな話題を提供し続けている。地味だが出場機会が多い、いぶし銀の中国恐竜だと言えるだろう。

「シノ（中国）」を名に冠した恐竜たちの正体【シノサウルス】

中国の恐竜には、名前に「中華」を意味する「Sino」を冠しているものが少なからずいる。たとえば以下がそうだ（煩雑になるので種小名は省略する）。

・**シノサウロプテリクス**（*Sinosauropteryx*：中華龍鳥）
獣脚類（コエルロサウルス類）、白亜紀前期、遼寧省で発見。

・**シノルニトサウルス**（*Sinornithosaurus*：中華鳥龍）
獣脚類（コエルロサウルス類）、白亜紀前期、遼寧省で発見。

・**シノカリオプテリクス**（*Sinocalliopteryx*：中華麗羽龍）
獣脚類（コエルロサウルス類）、白亜紀前期、遼寧省で発見。

・**シノルニトイデス**（*Sinornithoides*：中国鳥脚龍）
獣脚類（コエルロサウルス類）、白亜紀前期、内モンゴル自治区で発見。

・**シノヴェナトル**（*Sinovenator*：中国猟龍）
獣脚類（コエルロサウルス類）、白亜紀前期、遼寧省で発見。

シンラプトル。ジュラ紀後期の恐竜で、アロサウルスに近い仲間である。

シノルニトサウルス。遼寧省の義県層で見つかった羽毛恐竜。後ろ足の爪からもわかるように、ドロマエオサウルスの仲間だ。

・**シノティラヌス**（*Sinotyrannus*：中国暴龍）

獣脚類（コエルロサウルス類ティラノサウルス上科）、白亜紀前期、遼寧省で発見。

・**シノルニトミムス**（*Sinornithomimus*：中国似鳥龍）

獣脚類（オルニトミモサウルス類）、白亜紀前期、内モンゴル自治区で発見。

・**シンラプトル**（*Sinraptor*：中華盗龍）

獣脚類（メトリアカントサウルス科）、ジュラ紀後期、新疆ウイグル自治区、四川省で発見。

・**シノケラトプス**（*Sinoceratops*：中国角龍）

角竜類、白亜紀後期、山東省で発見。

見ての通り、大変ややこしい。なかでも「中華龍鳥」と「中華鳥龍」「中国似鳥龍」の三者は漢字名が酷似しているが、すべて別の恐竜である。学名は「Sino」なのに漢字名が「中華」と「中国」で一致しない場合があるのも、中国恐竜のお約束だ。

また、名前に「Sino」を冠する恐竜には、20世紀末以降に遼寧省で見つかった獣脚類の羽毛恐竜が多い。中国の愛国主義イデオロギーが強くなった時代に見つかったことも関係しているのだろう。

　もっとも、「Sino」系恐竜は近年のものばかりではない。

　上記のリストに登場したシノサウルスという恐竜は、模式種の**シノサウルス・トリアシクス**（*Sinosaurus triassicus*：三畳中国龍）の報告が１９４８年。中国の恐竜研究史上でも、かなりの古株だ。

中国恐竜の代表格「中国龍」の発見

　シノサウルスはジュラ紀前期に生息した獣脚類で、体長は推定５・６メートル。ルーフェンゴサウルスの化石発見でも知られる雲南省の禄豊の周辺で化石が見つかった。頭にトサカがあり、映画『ジュラシック・パーク』に登場するディロフォサウルスとは非常に近い仲間である。

　化石が発見されたきっかけは、ルーフェンゴサウルスの項でもすこし述べた。中国恐竜学の泰斗である楊鍾健が、日中戦争から逃れて雲南省の禄豊県周辺でおこなっていた１９３８年の発掘プロジェクトのなかで、４本の歯が残る上顎《じょうがく》の化石を見つけたのだ。

　その後、日中戦争と国共内戦の混乱によって研究が遅れ、シノサウルスについての論文が発表されたのは、中華人民共和国の建国前年の１９４８年になってからとなる。ジュラ紀前期の恐竜なのに、種小名に「三畳（triassicus）」がついているのは、報告当時の楊鍾健が三畳紀後期の地層から化石が出たと誤認したためだった。

その後のシノサウルスは、「中国龍」という国家を代表するような漢語名にもかかわらず、知名度の点ではルーフェンゴサウルスやマメンチサウルスの後塵《こうじん》を拝した。もっとも、やがてこの恐竜は再び脚光を浴びることになる。

仙人の歩いた跡と言われた「謎の足跡」

1980年代に入り、禄豊県からほど近い雲南省晋寧《しんねい》県（現在の昆明市晋寧区）の夕陽《せきよう》郷という村が、化石発見のニュースに沸くことになった。

もともと、夕陽郷は周囲の山や川の岩の上に、3本指や4本指の巨大な鳥の脚のような足跡が数多くみられることで知られていた。古来、現地の村人はこれらについて、水害を防ぐ神通力を持った金のニワトリの足跡であるとか、仙人の歩いた跡であるといった伝説を語り継いできたのだが、文化大革命が終わって中国の学術環境が安定した1980年代になり、恐竜の足跡の化石ではないかとする見方が出るようになった。

そこで1987年に昆明市博物館などの専門家が調査をおこなったところ、夕陽郷で多くの恐竜の化石が発見された。なかでも、清龍山《せいりゅうざん》という山のなかにあるジュラ紀前期の地層から見つかった獣脚類の化石は、非常に状態がよかった。

この獣脚類は全長5メートル以上もあり、比較的大きな頭部にニワトリのトサカのような突起を2つ持っていた。胃にあたる部分からは、まだ消化しきれていないカメ類の骨が数かけら見つかった。

しかも発掘を進めてみると、すぐ近くから原竜脚類の**ユンナノサウルス**（*Yunnanosaurus*：雲南龍）の尾が発見された。この獣脚類がユンナノサウルスに襲いかかったところで、なんらかの理由で双方ともに死亡して化石化したとする仮説も考えられた。

1993年、この獣脚類の化石は、発見者の昆明市博物館研究員・胡紹錦《フウシヤオジン》によって、**ディロフォサウルス・シネンシス**（中国双脊龍：*Dilophosaurus sinensis*）と命名され、新種として報告された。

頭部の特徴的なトサカゆえに、アメリカのアリゾナ州で化石が発見されたディロフォサウルスの一種だとみられたのだ。保存状態がいい化石だったこともあって、中国国内では「中国双脊龍」の名で人口に膾炙《かいしや》し、近年まで比較的よく知られてきた。

だが2003年、中国の著名な恐竜学者である董枝明（Dong Zhiming）が新説を提唱する。夕陽郷で見つかったディロフォサウルス・シネンシスの特徴が、董枝明の師匠の楊鍾健がはるか昔に見つけていたシノサウルスと非常によく似ており、夕陽郷の獣脚類はシノサウルスであるとしたのだ。

いっぽう、この時期にはそれまでシノサウルスだと思われてきた化石の一部が、原始的な竜脚形類であるジンシャノサウルス（金山龍：*Jingshanosaurus*）などの異なる恐竜のものであったこともわかってくる。

楊鍾健の報告から半世紀以上を経てから、「中国龍」シノサウルスの全貌《ぜんぼう》がようやく明らかになってきたのだ。

「研究寿命」が長い恐竜

２０１２年には、董枝明の弟子で中国の若手研究者のホープである邢立達《シンリーダア》（Xing Lida）が、シノサウルスをテーマにした修士論文をアルバータ大学に提出し、中国国内で発見された別の化石について論じている。同論文は、シノサウルスの頭のトサカは戦闘用ではなくディスプレイ目的だっただろうとみなす内容だった。

シノサウルスがらみのニュースは、近年も引き続き報じられている。２０１９年３月、重慶市主城区の歌楽山《からくさん》国家森林公園付近でロッククライミングの愛好家たちが「ニワトリの足跡」のようなものを発見。それが、１億９千万年前のジュラ紀初期に形成された恐竜の足跡化石だと判明したのである。

これらの足跡は、シノサウルスかそれに近い獣脚類のものだったとみられている。

邢立達（248ページ参照）と重慶市208地質遺跡保護研究院の代輝《ダイフイ》、重慶市地質調査院の魏光飈《ウエイグアンビャオ》らがおこなった共同研究によれば、この足跡化石は3本指の獣脚類のもので、合計46個。約3メートル離れた2つの石英砂岩の表面に足跡が残っており、恐竜が小走りをおこなっていたことが推測できるという。

日中戦争のさなかに化石が見つかった恐竜ながら、近年になっても新たな話題が増えているシノサウルス。同地域から見つかったルーフェンゴサウルスも然《しか》り、禄豊系の中国恐竜は「研究寿命」が長い種が多いようである。

コラム2　中国恐竜学の泰斗・楊鍾健の恐竜よりも数奇な人生

中国の恐竜事情を眺めるにあたっては、切り口がいくつかある。

オーソドックスなのは、最新の研究動向を追いかけ、羽毛恐竜やティタノサウルス類などに着目するという、理系的なアカデミズムの関心にもとづく切り口だ。だが、他ならぬ中国という国の恐竜の話題は、「文系」的な切り口から眺めるのも、なかなか味がある。

たとえば、中国国内の研究がまだまだ低調だった1970年代までの、黎明期の研究史や発見史に目を向けることだ。西側先進国と比べて、経済的な面でも研究水準の面でも立ち遅れていた往年の中国において、日中戦争や国共内戦・文化大革命といった政治の荒波に揉《も》まれつつ、謎の古生物の解明と真理の探究に邁進《まいしん》した人たちの姿は心を打つものがある。

この中国恐竜研究の黎明期を支えた研究者の1人が楊鍾健（C.C.Young、1897〜1

979）だ。本書をここまで読み進めた人なら、すでに見慣れた名前だろう。中国恐竜学の泰斗にして、**マメンチサウルス**や**チンタオサウルス**をはじめとした数多くの中国恐竜たちの名付け親である。

今回のコラムでは、楊鍾健の人生そのものを取りあげてみよう。

古生物学者になる前は政治青年だった

楊鍾健が生まれたのは清朝末期の1897年、出生地は陝西省東部の華《か》県龍潭堡《りゅうたんほ》（現在の渭南《いなん》市華州《かしゅう》区蓮花寺《れんかじ》鎮）である。当時、清朝は欧米や日本などの帝国主義列強諸国によって国土のあちこちを侵食され、対して楊鐘健の出生翌年の1898年には北京で政治改革運動（戊戌変法《ぼじゅつへんぽう》）が起きるも、急激な改革を嫌った西太后《せいたいこう》と袁世凱《えんせいがい》がこれを弾圧し――。と、中国が近代を迎えるなかで最も苦しんでいた時期であった。

楊鍾健の父は楊松軒《ヤンソンシュエン》（1872〜1928）といい、1899年に故郷で纏足《てんそく》・辮髪《べんぱつ》の廃止運動を提唱、さらに1909年には孫文の革命政党・中国同盟会に加入するなど、モダンな価値観を持つ青年知識人だった。後年、陝西省の名門校である咸林《かんりん》中学の創立者となり、現代の中国でも「愛国教育家」として高く評価されることとなる人物である。

当時の中国は結婚時期が早く、楊鐘健はこの父が10代なかばのときにもうけた子だった。15歳ほどしか年齢が離れていない父のもとで、その思想的な影響をかなり強く受けたことは想像に難くない。

楊鍾健は地元で教育を受けた後、1917年に北京大学の予科に進学し、やがて地質学部で学んだ。在学中の1919年には、愛国的な学生運動として知られる五四運動に参加して天安門広場で愛国デモをおこない、さらに翌年には、イタリアのジュゼッペ・マッツィーニの政治結社「青年イタリア」の影響を受けた青年政治組織「少年中国学会」と、北京マルクス学説研究会に加入している（なお、ここでの「少年」は青年の意味である）。

当時の楊鍾健は中国で最初の地質学研究サークル「北京大学地質研究会」を立ち上げるなど、学業にも打ち込んでいたのだが、学生運動により熱中していたようだ。

1921年から1923年までは少年中国学会の執行部の主任を務めたほか（余談ながら当時、毛沢東もヒラ会員として少年中国学会に籍を置いていたようである）、1923年には中国共産党の影響下にある中国社会主義青年団に加入して北京大学の代表に就任。いっぽう、同年には中国共産党創設者の李大釗《りたいしょう》の紹介で、孫文率いる中国国民党にも加入している。ちなみに当時の中国共産党は、インテリが中心の政治サークルとしての色彩が強かった。

日中戦争で恐竜研究が進展

仮に楊鍾健がその後も「政治青年」として活動を続けていた場合、数年後に共産主義シンパとして国民党によって処刑されるか、もしくは共産党内で粛清されるか戦火に斃《たお》れるかしていた可能性が高かったはずだ。

しかし、そんな楊鍾健の運命は、北京大学卒業後の１９２３年10月にドイツ留学に旅立ったことで大きく変わる。彼は翌年にミュンヘン大学に入学、古生物学を専攻することとなった。やがて１９２７年に発表した中国の哺乳類化石についての博士論文は、中国人が史上初めて執筆した古生物学の論文となった。

１９２８年に中国に帰国したときはすでに国共内戦が勃発し、共産主義シンパへの弾圧が本格化していたが、楊鍾健は過去の政治活動をなんとか大目に見てもらったらしく、国民政府の中央地質調査所新生代研究室で無事に職を得る。彼は北京郊外の周口店《しゅうこうてん》での北京原人の発掘を指導したほか、中国での第四紀の哺乳類や化石人類の研究で業績を残している。

１９３４年ごろまでの楊鍾健は、恐竜よりもむしろ哺乳類化石の研究者として知られ、中国におけるこちらの分野についても草分けの人物だった。

楊鍾健と恐竜の縁が深まった理由は、実は日本が関係している。１９３７年の盧溝橋事件によって日本の対中侵略が本格化した際、楊鍾健の頭脳を欲しがった日本側が彼を東京に招聘する計画があると聞いたことで、それを避けるために北京を脱出して南方に逃れたのだ。

やがて、日中戦争の進展にともない国民政府は内陸部に撤退。楊鍾健は雲南省昆明市に作られた西北聯合《せいほくれんごう》大学に移動し、現地で研究を継続することになった。

その結果、雲南省の禄豊や四川省の自貢といった中国西北部の恐竜化石の研究の端緒が開かれることとなる。禄豊の**ルーフェンゴサウルス**や自貢の**オメイサウルス**は、楊鍾健が研究した中国恐竜学史上でも最初期の恐竜たちだ（78、96ページ参照）。

その後、楊鍾健は１９４４年にアメリカに渡り、２年後に帰国する。やがて社会主義革命が起こり国民党政権は台湾に拠点を移したが、楊鍾健は若いころに共産主義シンパだった関係もあるのか、国民党からの誘いを拒否し、中国大陸に残留して南京で「解放」を迎えることになった。

チンタオサウルスとマメンチサウルスを命名

中華人民共和国成立後の楊鍾健は、１９５１年から**チンタオサウルス**の発掘を指導、さらに1954年からは**マメンチサウルス**の報告をおこなうなど、著名な中国恐竜の研究を次々と進めていく。

いっぽうで政治的な面でも老練であり、1956年には中国共産党に入党した。さらに1957年に成立した中国科学院古脊椎動物・古人類研究所の所長に就任し、1959年には北京自然博物館の館長も兼任、中国古生物学会理事長や中国地質学会理事といった中国の学術界の要職を歴任する。

1964年には新疆で見つかった翼竜、**ズンガリプテルス**（*Dsungaripterus*：準噶爾翼龍）の新種報告をおこなっている。

もっとも、研究業績を積み重ねて学界の重鎮となり平穏無事に晩年を迎える――という理想的な人生をなかなか歩めなかったのが、この時代の中国の知識人だ。

1966年に文化大革命がはじまると、過去にドイツへの留学歴を持ち、往年の国民党政権下でも要職を務めていた楊鍾健は「ブルジョア階級反動学術権威」とみなされ、激しい批判の対象とされたのである。

楊鍾健は当時70歳近かったにもかかわらず、紅衛兵によって批判大会に引っ張り出され、自宅を荒らされたうえ、「牛棚《ニョウパン》」と呼ばれる私的監獄に放り込まれて虐待された。だが、文革の嵐のなかでもなお著書を2冊書き上げ、新疆の翼竜などの研究を進めた。

文革後の1978年には、高齢にもかかわらず学術発表をおこないフィールドワークの現場にも出るなど、奇跡の復活を遂げる。だが、翌1979年の元旦《がんたん》に胃の痛みを訴えて入院し、同年1月15日に82歳で波乱の人生を閉じることとなった。

中国の伝統的な知識人でもあった楊鍾健は、理系の研究者にもかかわらず詩文を得意とし、生涯に2000首近くの漢詩を残している。晩年の79歳の作品である『八十不老』（八十にして老いず）では、「年近八旬心尚丹、欲与同輩共登攀」（齢《よわい》八十に近くとも我が心はなお熱く、仲間と共に高き山に登らん）という言葉を残すなど、生涯現役を絵に描いたような人物だった。

政治力が必要な中国の研究者

辛亥革命に協力した父を持ち、五四運動・日中戦争・国共内戦・文化大革命……と、中国近現代史上の数多《あまた》の事件を乗り越えて、卓越した業績を挙げつつ最後まで生き延びた楊鍾健の政治的なセンスはただものではない。彼の畢生《ひっせい》の研究対象だった恐竜より、ご本人のほうが環境の変化に対する適応能力が高いように思えるのは私だけではあるまい。

黎明期の中国の恐竜研究は、ギリギリの環境のなかで学灯が受け継がれてきた。特に中国が本格的に対外開放をおこなう前の1960～70年代、海外の研究者と容易に交流ができないなかで、国内の工事現場などで見つかった貴重な化石に学術的検討を加えた功績は大きい。楊鍾健の愛弟子《まな》には、やはり中国を代表する恐竜学者で日本でも知名度が高い董枝明（Dong Zhiming）がいる。

政治的な締め付けも伝えられる昨今の中国だが、それでも恐竜の研究環境は楊鍾健の時代よりははるかにマシだ。まだしも、よい時代になったと言えるかもしれない。

第3章　中国人の大発見

——化石は意外な局面で見つかる

農民夫婦、裏山から掘り出した化石を14年間守る【宝峰龍】

その恐竜の学名は「バオフェンゴサウルス」か「バオフェングロング」か、それともマメンチサウルスあたりの仲間なのか？　まだ研究が進んでいない現時点ではそれすらも定まっておらず、便宜上「宝峰龍」（Bǎo fēng lóng）という中国語名で呼ばれているに過ぎない。中国国内のメディアによっては「宝峰恐龍」と書く例もあるなど、表記すら安定していない謎の化石だ。

だが、過去20年以上にわたって地元を騒がせ、何度もメディアで報道され続けるという、いわばデビュー前から話題の隠れた大物新人でもあった。ひとまず本書では「宝峰龍」と書いておこう。

中国西南部の重慶市永川《えいせん》区宝峰《ほうほう》鎮で発見されたこの宝峰龍は、約1億6000万年前のジュラ紀後期に生きていた竜脚形類だった。頭部以外の全身の80％が発見されるという良好な保存状態の化石で、全長は推定18メートル、体高は3メートルである。

2018年10月、永川区では新しく建設された永川博物館が開館した。宝峰龍の復元骨格はこの博物館の目玉として展示されており、中国内陸部の地味な田舎町における数少ない名物としても期待されている。

だが、宝峰龍の発見から発掘、こんにちの展示に至るまでには、中国ならではの壮大な人間ドラマがあったのだ。

世紀の大発見がリウマチ治療薬に

１９９８年の春のことである。宝峰鎮楊大口村沈家湾村の村人・劉雲書《リユウユンシユー》（当時48歳）が家の裏山に排水溝を作るべくツルハシを振るっていたところ、土の中に妙な形状の岩があることに気付いた。

かつて30年間にわたり付近の炭鉱で働いた経験がある劉雲書は、この物体が普通の岩石ではなく古生物の骨であろうと見当を付け、妻の呉先琼と相談。地元当局の文化財担当部門に報告したところ、調査の結果はやはり恐竜の化石であった。

しかし、これは劉夫婦がその後14年間にわたって続けることになる「化石防衛生活」の始まりでしかなかった。なぜなら、田舎の村を騒がせた大ニュースを聞きつけて、劉家の裏山に野次馬がどんどん集まってきた……。のみならず、この群衆が地表に露出した化石をこぞって削りはじめたからだ。

中国では伝統的に、土中から出てきた古生物の骨を「龍骨《ロングウ》」と呼び、削った粉を薬として服用する民間療法が存在する。そのため、中国における化石は、ときに地域の住民の手で薬にされてしまうことがあった（余談ながら、ながらく伝説上の存在であった古代の殷《いん》王朝の実在を証明した甲骨文字の発見も、1899年に中国人学者が「龍骨」をマラリア治療のための薬の素材として買った際に、骨に漢字状の模様が刻まれていることに気付いたのがきっかけだった）。

なかでも宝峰龍については、どういうわけかリウマチやがんの治療に効果があるという怪しげな噂がささやかれた。ゆえに人々の注目が集まってしまったのだ。ときには工具を持った男たち3人が裏山にやってきて、劉夫婦の制止も聞かず骨を掘り出そうとしたので、警察に通報して追っ払ったことさえあった。

こうした事態に対して、劉雲書は「宝峰龍は国家の宝だから専門家以外に発掘させるべきではない」と考え、昼間は妻と交代で化石を見張り、その合間に農作業をする生活を送るようになった。

やがて1999年4月、数人の古生物学者がやってきて試掘をおこない、極めて保存状態が良好な竜脚形類の化石であることを確認した。しかし、当時はまだ中国が貧しかった時期であり、資金難ゆえに足の骨をすこし掘り出しただけで発掘は中断してしまう。

発見者の農民、志なかばで……

その後も劉夫婦は、さっぱり発掘にやって来ない専門家たちを待ちながら、暑い日は蚊取り線香を焚《た》き、寒い日は火鉢で暖を取りながら未知の巨大恐竜の化石を守り続けた。だが、やがて悲劇が襲った。２００５年、夫の劉雲書の胃にがんが見つかったのだ。だが、彼は入院先でも、妻に家に帰って化石を守るように指示、さらに自分の乏しい蓄えからお金を出してガードマンを雇った。

やがて劉雲書は退院したものの、日常的な行動すら不自由になった。しかし、裏山の恐竜を守らんとする執念は消えなかった。劉夫婦は化石の周囲に鈴を取り付けた釣り糸を張り巡らせ、さらに妻のアイディアで化石の前に池を作って第三者が接近できないようにして、監視を継続したのである。

そして２０１１年、ついに専門家が劉家の裏山を訪れ、第２次発掘を開始する。翌２０１２年には第３次発掘もおこなわれた。当時、劉雲書はもはや歩行も思い通りにならなくなっていたというが、この発掘の再開を喜んだ。そして２０１２年の春に咽頭《いんとう》がんで死去したのだった。

劉雲書はがんが再発しても、裏山の宝峰龍の骨を削って薬にしようとは考えなかったようだ。晩年の彼は病苦のなかでも、恐竜の話を聞くと途端に元気になった。妻への遺言も「恐竜が土から出てきたら、わしの墓前に報告しろ」であったという。

そんな彼の遺志を継ぎ、2012年10月、ついに宝峰龍の全身が掘り出された。

どんどん見つかる恐竜化石

宝峰龍が見付かった重慶市の一帯は、他にも恐竜発見のエピソードに事欠かない。

たとえば1976年には同じ永川区の上游《じょうゆう》ダムの工事現場で獣脚類の化石が見つかり、当時はまだ若手だった中国の著名な恐竜学者・董枝明《ドンジーミン》(Dong Zhiming)によって**ヤンチュアノサウルス・シャンヨウエンシス**(上游永川龍：*Yangchuanosaurus shangyouensis*)と命名されたほか、1983年にもすぐ近くでより状態のいいヤンチュアノサウルスの化石が見つかった。

また、1998年には潼南《どうなん》区梓潼《しどう》鎮の山中で、**マメンチサウルス・ホチュアネンシス**(合川馬門溪龍：*Mamenchisaurus hochuanensis*)とみられる竜脚形類と、推定体長6メートルほどの剣竜の化石が見つかっている。

さらに2004年には江北区で、推定全長18メートルの、マメンチサウルスの仲間とみられる化石が見つかる。この竜脚類は大石壩恐龍と呼ばれ、やがて2009年に新種として「神州巴渝龍」(Bayusaurus shengzhouensi)と命名された。

ほか、2009年には綦《き》江《こう》区の山中で1000個あまりの獣脚類・鳥脚類・鎧《よろい》竜類などが混在した複数の恐竜の足跡が見つかったほか、南川区《なんせん》福寿郷《ふくじゅ》と忠県《ちゅう》双桂鎮《そうけい》でも、それぞれジュラ紀後期の竜脚形類の化石が発見された。

往年の四川省から重慶市にかけての一帯は大型恐竜たちのパラダイスであり、加えて化石が保存されやすい地質的な条件が良好だったことから、これだけ多数の化石が見つかっているのだろう。

ほかにもいた「護龍大爺」

２０１７年５月の『化石網《ホアシイワン》』の報道によると、同じく重慶市黔江区《けんこう》の山奥にも「護龍大《フーロンダー》爺《イエ》」（龍守《も》りじいさん）の異名を持つ70代の元小学校教員の老人がおり、１９７４年に恐竜の化石が発見された白亜紀の地層を守り続けているという。

やはりこちらも、発見の一報が出た途端に地元の人が「龍骨」の採集に殺到したり、２００６年には業者が地層を無視して開発工事を始めようとしたりするのを必死で止め続け、近年ようやく専門家の発掘開始にこぎつけたそうだ。

おそらく過去の中国においては、こうした心ある地域の人に守ってもらえなかった未知の化石が、人知れず仙薬にされてしまった例も多かったに違いない。

さておき、永川区宝峰鎮の劉夫婦が人生をかけて守り抜いた宝峰龍の復元骨格は、２０１

8年秋に開館した地元の永川博物館で展示されている。中国名物のハコモノ行政によって建てられたこの博物館の展示敷地面積は、なんと公称9000平方メートル。宝峰龍の骨格は、前漢《ぜんかん》時代の伏義《ふっき》・女媧《じょか》の神話図や明《みん》時代の宝石と並ぶ、館内の目玉展示となっているとのことだ。

重慶市の中心部から西に車で70キロという、日本人が行くにはなかなか大変な場所にある博物館である。だが、興味のある人はぜひ、すんでのところでリウマチ薬にならずに済んだ宝峰龍に会いに行ってみてほしい。

農村インフルエンサーが裏山で謎の足跡を見つけたら

【エウブロンテス　アノモエプス　グララトール】

本書で紹介する中国の恐竜化石発見エピソードには、しばしば登場する名脇役がいる。それは「農民」である。

中国は1990年代前半まで、人口の4分の3以上が農民だった（現在は3分の1程度）。そのため、彼らが恐竜の化石を発見する場合も多かったのだ。なかでも、かつて多かったのが、道路工事や農地の開拓作業の際に化石を見つけるケースである。道路工事といっても、その作業にあたるのは現地の人であり（中国で人の移動が少なかった1980年代まではなおさらそうだ）、つまり地元の農民であった。

発見後の事情も比較的似通っていた。化石が薬（龍骨）になるからと近所の人が大挙して押し寄せて削りはじめる、盗掘やニセ化石づくりが始まる……、といった困ったパターンと、化石の重要性に気付いた村の知識人や共産党員が上級部門に報告して、思わぬ大発見への道が開かれるというパターンが、往年の中国におけるお約束の流れだ。

もっとも、中国の社会はこの30年で大きく変化した。近年は新たな「恐竜と中国農民」のエピソードも登場している。なかでも、ここで紹介するのは実に当世風の話である。

農村インフルエンサー、化石探しで再生数を稼ぎたい

近年、中国で大ブームとなっているのが、個人による動画配信だ。日本でいうYouTuberだが、中国では政治的理由からYouTubeへの接続が制限されているため、中国企業がリリースしている他の動画サービスがプラットフォームとして用いられる。

中国における動画配信系のインフルエンサーたちは「網紅《ワンホン》」（ネット有名人）と呼ばれる。なかでも美女による動画配信は人気が集まりやすい（近年、日本の若い女性の間で人気の「ワンホンメイク」とは、こうした中国のネット美女風のメイクのことである）。

しかし、近年はより個性的な配信も増えてきた。たとえば、北京や上海《シャンハイ》のような慌ただしい大都会からは隔絶した農村で暮らす若者が、ゆるい田舎ライフを配信するといったチャンネルもあるのだ。

四川省宜賓《ぎひん》市白花《はくか》鎮で暮らす26歳（2019年当時）の農民・周超《チヨウチヤオ》もそんな農村インフルエンサーの1人だった。

彼はもともと両親とともに沿海部の浙江《せっこう》省に働きに出ていたが、2019年春ごろに地元にUターン移住。「郷村超娃《シヤンツンチヤオワー》」（田舎のスゴい子）のハンドルネームを名乗り、動画サイト『西瓜視頻《シーグアシーピン》』で農村生活を記録する動画配信を開始したところ、31・5万アカウントのファンを集める人気者になった。

ところで、彼が暮らす宜賓市は、恐竜化石が多く見つかることで知られる自貢《じこう》市のすぐ隣である。

周超の両親は子どものころ、村の老人から近所の山奥の野《や》鶏坡《けいは》という場所に、巨大な「ニワトリの爪痕《つめあと》」があるという言い伝えを聞いていたという。そこで周超は2019年10月2日、動画のネタ作りを目的に現場に向かい、カメラを回すことにした。

足跡があるとされた場所は、使われなくなった穀物干し場で、すでに雑草だらけになっていた。周超たちが困っていると、たまたま近所に住む老人に遭遇。老人の案内で足跡らしき現場に行ってその様子を動画におさめた。

だが、この地面の凹《へこ》みは、本当に恐竜の足跡なのか？　周超たちも半信半疑のまま収録をおこない、動画を公開した。

ところが、ネット時代である現代は思わぬ形で情報が伝播《でんぱ》していく。

四川省の農家の子、周超がアップした近所の山の探検動画は、中国のSNS『微博《ウェイボオ》』を通じて拡散され、ネットユーザーの間から「邢立達《シンリーダア》先生を呼ぼう」という声が沸き起こったのだ。

邢立達。2018年10月、北京の研究室にて筆者撮影。

この邢立達（Xing Lida）は、中国地質大学の准教授だ。２０１６年に琥珀《こはく》のなかに生前の姿のままで封入された恐竜の尾の化石を報告して世界を驚かせた、気鋭の恐竜学者である（２４８ページ参照）。

邢立達は高校時代に中国初の恐竜情報サイトを立ち上げたデジタル世代の申し子であり、ネット上では「恐竜達人《コンロンダアレン》」のあだ名で呼ばれている。専門分野は異なるが、近年の日本におけるロシア軍事研究者の小泉悠《こいずみゆう》のような、気さくなネット有名人の顔も持つ一線級の研究者である（余談ながら、邢立達と小泉悠と私［＝安田峰俊］は揃って1982年生まれだ）。

そんな邢立達が、この手の事態にあたって「召喚」されるのは当たり前のことであった。

本当に恐竜の足跡だった！

邢立達はフットワークが軽い。動画公開の翌日には、さっそく周超にアプローチしてきた。

逆に驚いたのは周超である。四川省の農村動画配信者のところに、中国地質大学の研究者から連絡がきたのだ。

「俺、最初は連絡をくれた人が誰だかわからなかったよ」と、彼は地元紙の取材にそう話している。周超が足跡の画像を送ると、邢立達からは「すぐ行く」と返事がきた。

動画の収録から2週間後の10月16日、さっそく邢立達は学生を連れて宜賓市にやってきた。

周超はいまだに半信半疑のまま、現場に案内。いっぽう、邢立達は足跡らしき凹みを見てなにか思うところがあったらしく、2日後には近所の自貢恐竜博物館の研究員たちを連れてもういちどやってきた。

「こんなに大げさに騒ぐようなものなのかい？」

思いがけない展開についていけない周超をよそに、邢立達と専門家たちは朝の9時から夕方の5時まで、現場をきれいにした上で測量や凹みの型取りをおこない、地面に張りつき続けていた。どうやら、本当に恐竜の足跡だったらしい。

SNS時代の発掘

後日、自貢恐竜博物館の彭光照《ポングアンヂャオ》研究員が地元のウェブメディア『紅星新聞《ホンシンシンウェン》』などの取材に対して語ったところでは、周超の近所の山で発見された足跡は合計8点。うち比較的大きな5点については大型の獣脚類とみられる**エウブロンテス**（*Eubrontes*：実雷龍）、ちいさな1点は植物食の恐竜とみられる**アノモエプス**（*Anomoepus*：異様龍）、残る2点は小型の獣脚類とみられる**グラレーター**（*Grallator*：蹺脚龍）の化石だったとされる。

いずれも聞き慣れない恐竜の名前だが、これは「足跡に付けられた学名」だ。そもそも恐竜の化石は歯や骨だけではなく、タマゴや足跡も多数見つかっている。だが、タマゴや足跡の主が、どの恐竜のものなのかは、多くのケースでは確言できない。

ゆえに、タマゴや足跡「だけ」を指す学名が付けられるわけである。

周超の近所の山から見つかった8点の足跡のうち、エウブロンテスのひとつは長さが最長55センチ、幅43センチという巨大さで、おそらく体長6〜7メートルくらいの大型の獣脚類のものであると推測された。歩幅は4メートルもあり、おそらく走った際に付けられたものとみられた。

その後、邢立達は化石発見の過程の動画をSNS上で公開。いっぽう周超も化石ネタの動画を何度か投稿して好評を得た。

「化石の発見が、論文として形になる前にこうしてSNSを通じて世間に広がることは、世の中の人たちに恐竜研究を理解してもらう上で、すごくいいことだよ」

と、邢立達はご満悦だったようだ。

出稼ぎ先で恐竜にハマった農民

従来、中国の農民による化石発見は、見つけた人がほとんど知識を持っていないケースが多かった。中国は教育格差が大きく、地方の農村は一昔前までは情報の孤島に置かれていた。ゆえに古生物の知識などは、得たくても得られない人が大勢いたのだ。

だが、近年はそうした事情も変化しつつある。

たとえば面白いのが、2019年春に四川省広安《こうあん》市前鋒《ぜんほう》区永興《えいこう》村の工事現場で発見された化石のエピソードだ。発見にあたって大きな役割を果たしたのが、村人の黎《リィ》さんである。

黎さんは若いころ、沿海部の広東《カントン》省珠海《じゅかい》市に出稼ぎに行った経験があった。中国が社会主義市場経済体制を採用した1980～90年代以降、四川省から経済的に発展している広東省に出稼ぎに行く例は多く、特に農村出身の肉体労働者は「盲流《マンリュウ》」や「農民工《ノンミンゴン》」と呼ばれたものだったが、おそらく往年の黎さんもその1人だったのだろう。

ただ、黎さんは他の農民工とはちょっと違う趣味があった。休日に珠海市博物館で化石展示を見たことで恐竜に関心を持ち、しばしばテレビで恐竜関係の教養番組を視聴していた。在野の恐竜ファンだったのである。

黎さんは2013年に村に戻ってから、自分も化石を見つけてみたいと考え、しばしば電動バイクに乗って近所の工事現場をパトロールするようになった。彼の故郷である四川省の地層が恐竜化石の宝庫であることは、すでに本書で何度も書いたとおりである。

やがて2019年5月末、黎さんは友人から、村内の羅家山《らかさん》付近の工事現場で奇妙な巨石が見つかったと耳にする。さっそく愛車（電動バイク）を駆って現場に急行したところ、目の前の岩盤のなかにある巨大な石塊はやはり、彼が愛してやまない恐竜の化石であるように思えた。

そこでさっそく、地元の自然資源・企画局に連絡したのである。

趣味人の裾野が広すぎて

専門家によると、黎さんが見つけたのは巨大な大腿骨《だいたい》に加えて、脊椎骨《せきつい》と頭骨の一部だとみられた。残っている部位の多さからみて、良好な保存状態の化石だったらしい。まだ研究は進んでいないが、新種である可能性もある（一般に頭骨の化石が残っていると、新種であるかどうか判断しやすいといわれている）。

元「農民工」の恐竜オタク・黎さんは、一世一代の大発見をなしとげたのであった。近年、中国の経済成長と情報社会化は、これまで文化面で都市部と大きな隔絶があった農村部にも、趣味人を多数生み出すことになった。そうした社会の変化は、化石の発見という分野にもあらわれているのかもしれない。

9歳少年、広東省でタマゴ化石を大発見【ピンナトウーリトゥス】

近年、中国発のサイバーイノベーションが有名になり日本でも注目されるようになった広東省の大都市・深圳《しんせん》は、市内常住人口の平均年齢が32歳程度という非常に若い街だ。深圳はもともと、香港《ホンコン》に隣接していた田舎の漁村だったが、１９７９年に改革開放政策が施行されたことで急速な発展を遂げたのである。

そんな都市だけに、深圳は中国の街としては逆に珍しいほど、歴史的な遺物がすくない。市内西部の南山区《なんざん》にある南宋の最後の皇帝の墓「宋少帝陵」（ただし作られたのは1911年）と、市内北部の龍崗区《りゅうこう》に客家《はっか》（独自の文化を持つ漢民族内部の方言グループ）の古民家が保存されていることくらいである。

ところが、そんな歴史なき都市・深圳で、もっと古いものが見つかった。

2013年7月19日、夏の強烈なスコールによって市の西部の坪山区《へいざん》で地すべりが発生。区の地質調査員が被害状況の確認に現地に向かったところ、土砂のなかに不思議な丸い部分を持つ岩盤を複数発見したのである。

深圳ではじめての恐竜化石

発見者が地質の専門家たちだったことで、これが化石であることはすぐに見当がついた。調査員は市の土地計画開発委員会坪山管理局に電話で報告して岩盤を持ち帰り、あらためて何度か専門家の鑑定を受ける。結果、やはり、恐竜のタマゴの化石（が含まれた岩盤、以下同じ）であった。

2015年9月に中山大学と中国科学院の合同研究チームが発表したところでは、この化石は**ピンナトウーリトゥス**（*Pinnatoolithus*）の新卵種とみられ、恐竜が絶滅したK-Pg境界（中世代の白亜紀末期と新世代との境界）からわずか数メートル下の地層に眠っていたという。恐竜の時代が黄昏《たそがれ》をむかえつつある時期に、運悪く孵化《ふか》できなかったタマゴが化石化したわけだ。なお「ピンナトウーリトゥス」とは、タマゴの殻に付けられた卵属名である（前出の足跡の学名「エウブロンテス」の例も参照してほしい）。

これは深圳の行政区画内ではじめて見つかった恐竜の化石だった。

現在、このタマゴ化石は市内東部の深圳大鵬《だいほう》半島国家地質公園博物館に収蔵されており、「今後は実物の展覧や動画のかたちで参観できるようにする」（『化石網』２０１８年9月5日付け報道）そうだ。

9歳少年の大発見

広東省で化石が多く見つかっているのが、深圳の北東１４０キロの場所にある河源《かげん》市だ。ここは山がちな地域で、土地は痩《や》せており、客家系の住民が多い。他地域への移民も盛んで、深圳の都市開発の初期に移り住んだ市民のなかにも河源出身者が少なくない。

２０１９年7月23日、河源市に住む当時９歳の小学生・張仰喆《チャンヤオチエ》くんが母親といっしょに、市内を流れる東江《とうこう》の川辺で石を探して遊んでいたところ、例によって不思議な「丸い部分を持つ岩盤」を発見した。

ヘユアンニア。河源市で化石が見つかった、オヴィラプトルの仲間である。

「お母さん、これ、恐竜のタマゴじゃないの⁉」

なんと、もともと恐竜好き男子であった張くんは、岩盤を発見してすぐにそう叫んだという。

　母親の李小芳《リイシャオファン》さんは興奮する張くんの様子を見て、この岩盤をスマホで撮影。友人を経由して動画を地元の河源恐竜博物館の職員に送ったところ、やはり本物の化石であった。

　ほどなく、博物館の職員たちが現場に発掘におとずれ、タマゴ化石を含んだ岩盤、合計11枚の発掘に成功する。

　このタマゴ化石たちはおそらく約6600万年前のものとみられた。先に挙げた深圳のタマゴ化石と同じく、やはり恐竜が絶滅する直前の時代のものであった。

　いっぽう、世間で話題になったのは、化石を一瞬で判別した張くんの眼力だ。学校の課外活動で博物館に行き、実物のタマゴ化石を見た経験があったことで、すぐにピンときたのだという。中国メディアは「青少年への科学知識の啓蒙《けいもう》はやはり重要だ」と小学生の大発見をベタ褒めしたのだが、まさにその通りであろう。

収蔵タマゴ化石、1万8000個超え!

河源市で化石が見つかりはじめたのは1996年からだ。近年は現地の地方政府が、雲南省の禄豊《ろくほう》や遼寧省の熱河《ねっか》層群に次ぐ恐竜の化石発見地として町おこしを図ろうと、「恐竜の郷《さと》」というキャッチフレーズを自称している。

中国の大手紙『環球時報《ホアンチヨウシイバオ》』によれば、2018年末までに現地の河源恐竜博物館が収蔵した恐竜のタマゴ化石は1万8000個以上に達しており、同館は世界最多数のタマゴ化石の収蔵量を誇るという。

タマゴのなかには、ある程度は種類が特定できたものもあり、オヴィラプトルやトロオドン、ハドロサウルスなどの仲間のものであることがわかっている。形状もさまざまで、球形に近いものから、タイ米のようなかなり細長い形のものまで、恐竜のタマゴの多様性を観察できる。なかにはタマゴの内部で方解石が結晶化した美しい化石もあるという。

ほか、近郊では恐竜の足跡の化石や、オヴィラプトル類などの骨格化石も発掘されている。

ただ、骨格の化石が見つかる数は相対的にかなり少ないという。

中生代の河源市一帯は、タマゴばかりが化石化しやすいという不思議な環境だったようだ。

割られたタマゴ化石、5万個超え？

いっぽう、河源市で問題となっているのは化石の破壊や私蔵である。

2010年1月5日付けの広東省の有力紙『羊城晩報《ヤンチエンワンバオ》』は、河源恐竜博物館の収蔵数を上回る約3万個のタマゴ化石が民間で私蔵されているとの見立てを報じている。これはおそらく、盗掘を経て転売されたものだろう。また、都市開発の工事現場などで人知れず破壊されたタマゴ化石は5万個におよぶという推算もある。

広東省は中国でも有数の経済先進地域とはいえ、河源市は省内ではさほど豊かではない土地だ。せっかく見つかった化石が博物館内で充分な保存環境に置かれず、劣化した例も多々あったという。現在は中国の経済発展によって多少は状況が好転したはずだが、悩ましい問題である。

さておき、広東省は経済だけではなく恐竜事情もなかなかアツいことをおわかりいただけたかと思う。

現地は日系企業や、日本企業と取引をおこなう現地企業が非常に多く、日本人ビジネスマンの中国出張先としてはかなりメジャーな地域である。ご興味のある方は、仕事の合間に恐竜のタマゴに会いに行ってみるのもいいかもしれない。

古代神話の巨大ニワトリのルーツか。足跡化石の話【シノイクニテス】

日本の平城京や平安京のモデルにもなった唐王朝の都・長安は、現在では西安《せいあん》と呼ばれている。

この西安市を擁するのが、中国北部の内陸部に位置する陝西省《せんせい》だ。

陝西省は遠く紀元前11世紀の昔に周王朝の首都・鎬京《こうけい》（現在の西安市近郊）が置かれて以来、秦王朝の咸陽《かんよう》、前漢・隋・唐の長安など歴代王朝の中心地となってきた土地である。だが、時代が下ると政治経済の環境が変化し、各王朝の首都は陝西省付近よりも交通の便がよい大陸東側の地域（開封《かいほう》、北京など）に置かれるようになった。

現在の陝西省は、中国の省級行政区31地域のGDPランキングで14位と、経済面ではいまひとつ存在感がない。近年は習近平の父親の故郷である関係から政治的に重要な地域になったものの、国際的な知名度がある西安を除くと、総じて地味な印象が強い内陸省である。

しかも、陝西省は恐竜事情も地味である。

北京市郊外の延慶世界地質公園にある博物館に展示されていた恐竜の足跡化石。筆者撮影。

同じく古代からの歴史を誇る土地でも、近隣の寧夏回族《ねいかかいぞく》自治区からは現時点で最古の新竜脚類（ディプロドクス上科）とみられる**リンウーロン**（*Lingwulong*：霊武龍）、甘粛省からはアジア最大級の竜脚類・**フアンヘティタン**（*Huanghetitan*：黄河巨龍）らの近年の中国恐竜界のニュースターが続々と見つかっているのだが、陝西省からは彼らに匹敵するほどの知名度を持つ恐竜は見つかっていないのだ。

とはいえ、悠久の中華文明を育《はぐく》んだ黄色い大地の下からも、恐竜の化石が発見されないわけではない。詳しく追いかけてみることにしよう。

恐竜足跡化石、中国最古の発見例

陝西省で目立つのは恐竜の足跡化石だ。その発見・研究史は古く、なんと中華民国時代の１９２

9年に、北東部の内モンゴルとの境界地帯にある楡《ゆ》林《りん》市神木県《しんぼくけん》（現在の神木市）において中国で最初の恐竜足跡が見つかっている。

この化石を発見したのは、110ページのコラムで紹介した中国恐竜学の泰斗・楊鍾健《ヤンヂョンジエン》（C.C.Young）だった。

当時32歳の楊は、フランス人の司祭で古生物学者だったピエール・テイヤール・ド・シャルダン（Pierre Teilhard de Chardin）とともに陝西省北部の地層を調査。もともとは新生代の地層を調べる予定だったのだが、神木県東部の山地でジュラ紀の恐竜の足跡を発見したのである。

なお、このとき楊とともに調査をおこなったテイヤールは、カトリックのイエズス会士であるにもかかわらず進化論を受け入れて古生物学に没頭した人物だ。彼は中国に長く滞在し、北京原人の化石発見に関係するなど中国の古生物学の進歩に多大な貢献を果たしたが、バチカンやイエズス会からはその進歩的な思想を危険視されていたという異色の司祭であった。

さておき、こうして楊とテイヤールによって発見された足跡化石はやがてドイツの研究者によって研究され、「楊の足跡」を意味する**シノイクニテス・ヨンギ**（*Sinoichnites youngi*：楊氏中国足跡）として学界に報告されたのであった。白亜紀のイグアノドンの仲間の足跡だったとみられている。

足跡化石が家畜のエサ皿に……

陝西省の足跡化石が再び脚光を浴びるのは、21世紀を迎えてからだ。2011年には楡林市子洲《ししゅう》県電市《でんし》鎮王荘《おうそう》村で、採石をおこなっていた村民が「ニワトリの爪痕」に似た巨大な3本指の足跡が多数刻まれた岩盤を発見している。

もっとも、実はそれまでにも、同様の岩盤は村の周辺でたくさん見つかっていた。だが、村人たちはその正体について深く考えておらず、家や道路の材料に使われるなどして少なからぬ岩盤が失われていた。さらにこの凹みが便利だからと、薬をすりつぶして粉にするための石皿や石臼《うす》に加工する、家畜のエサ用の皿に使うといった例もあったという。

しかし、やがて子洲県の黄土文化研究会の王軍《ワンジュン》という人物が、これらの奇妙な岩盤は太古の爬虫《はちゅう》類の足跡化石ではないかと当たりを付ける。化石は専門家によって調査され、1億8000万年〜1億7000万年前のジュラ紀前期〜中期のものであると推測された。

そこでおこなわれた調査では数十個の足跡の化石が見つかったという。調査対象になるまでに家の壁や石皿にされてしまった化石たちの運命には心が痛むが、この時期から陝西省での足跡化石の発見は加速していく。

石炭の里で化石発見ラッシュが

結果、かつて楊鍾健が最初の足跡化石を発見した神木市も、新たな発見ラッシュに沸きはじめた。もともとこの一帯は石炭が多く出る土地で、地質的な調査の対象となることが多い。

２０１７年には陝西省地質調査院の調査団が、神木市中雞鎮の白亜紀前期の地層で、恐竜の足跡３点、小型の四足歩行動物の足跡２点が残った岩を発見している。

ここで見つかった恐竜の足跡は、ひとつは竜脚類のもので、もうひとつは小型獣脚類のドロマエオサウルスの仲間のものであろうとみられた。ほかの小型動物の足跡化石は哺乳《ほにゅう》類によってつけられたもので、アジアでは最初に発見されたパターンの化石だった。当時、これらの生き物は砂丘から小さな沼に向けて歩いていたとみられている。

さらに２０１９年6月には同じく陝西省地質調査院の調査団が、靖辺《せいへん》県にある景勝地・龍《りゅう》洲丹霞《しゅうたんか》での測量中に足跡化石を発見する。

そこで陝西省地質調査院は9月、北京から中国地質大学副教授の邢立達たちの研究チームを招聘《しょうへい》。詳しい分析がおこなわれた結果、これらは1億年ほど前の、比較的体格が小さな獣脚類の足跡であると推定された。

２０１９年9月20日付中国国営通信社・新華社の報道のなかで邢立達が述べたところによると、往年に砂丘や砂漠湖があった地形から足跡化石が見つかることは比較的珍しいという。

当時の気候や地理・地質を知るうえで非常に意義のある発見であったようだ。

中国古代神話は陝西省の足跡化石がモチーフ？

古来、中華文明では鳥類を太陽の象徴として崇《あが》める文化が存在し、特にニワトリは「天《てん》鶏《けい》」「金鶏《きんけい》」などの名で神格化されてきた。天鶏の神話の例としては、たとえば6世紀の南北朝時代にこうしたものが伝わっている。

東南有桃都山。上有大樹、名曰桃都、枝相去三千里、上有天雞、日初出、照此木、天雞則鳴、天下雞皆隨之鳴。

［意訳］中国の東南に桃都山《とうとざん》（空想上の山）があり、山上には枝と枝との間が三千里も隔たった「桃都」という大樹が生えている。その樹上には天鶏がいて、朝日が昇って大樹を照らすと、天鶏は鳴く。そして天下のニワトリたちはみな、その天鶏の声に応じて鳴くのである。（『述異記』巻下）

漢民族の古代神話は、中華文明の発祥の地である陝西地域にルーツを持つものが多い。

近年、陝西省の化石発見を伝える中国側の報道は、省内のあちこちで見つかる恐竜の足跡化石が、天鶏のような巨大なニワトリの神話のモチーフになったのではないかという仮説をしばしば紹介している。

チベットでは岩に残された竜脚類の足跡化石が高僧の足跡だと考えられて信仰対象になっていた例があり（173ページ参照）、また中国道教の四大名山のひとつである安徽《あんき》省の斉雲《せいうん》山《ざん》でも、やはり恐竜の足跡の化石が、道士が手をついた跡だとみなされて長年にわたり言い伝えられてきた。

化石の知識がない人たちが恐竜の足跡を見ると、なにか超常的な存在がこの世に残した痕《こん》跡《せき》であるかのように勘違いしてしまうわけなのだ。

かつて陝西省の各地で、数十センチもの巨大な足跡が刻まれた岩盤を目にした古代の中国人たちが、未知の神鳥のイメージをふくらませたとしても、決して不思議ではない。

歴史ある地域ならではの、恐竜にまつわる楽しいエピソードである。

日露戦争前の満洲で発見された「神州第一龍」【マンチュロサウルス】

マンチュロサウルスは白亜紀末期に生息した鳥脚類で、体長8メートルほど。ハドロサウルス類のサウロロフス亜科の恐竜だ。

サウロロフス亜科の仲間の化石は東アジアや北米で比較的多く見つかっており、戦前に樺《から》太《ふと》（サハリン）で見つかったニッポノサウルスや、近年になり北海道で見つかったカムイサウルスもこの仲間である。もっとも、鋭い牙《きば》や爪があったり角や甲羅があったりといった、派手な外見的特徴を持たない種が多いため、学術研究上の重要性はさておき恐竜ファンの人気は必ずしも高くない。

紹介するマンチュロサウルスも、それほど際立った特徴はない恐竜である。

だが、マンチュロサウルスは中国では堂々たるメジャー恐竜としての評価を受けている。2011年4月、董枝明ら中国の古生物学者12人が中国の恐竜研究100年を記念して発表した「中国10大最著名恐竜」にも選ばれたほどなのだ。

ちなみに他の10大恐竜には、**ルーフェンゴサウルス**、**チンタオサウルス**、**マメンチサウルス**、**シノサウロプテリクス**、**ファヤンゴサウルス**、**ファアンヘティタン**……と、各種の恐竜図鑑でお馴染《なじ》みの面々が並ぶ。むしろ、なぜここにマンチュロサウルスという、あまり耳慣れない恐竜が含まれているのかいぶかしがる人もいるのではないか。

この厚遇の理由は、マンチュロサウルスが近代以降の中国領内で最初に発見された恐竜だからである。1930年に報告された模式種の名前は**マンチュロサウルス・アムレンシス**

(*Mandschurosaurus amurensis*：黒龍江満洲龍)、日本語で書けば「アムール河の満洲トカゲ」だ。満洲とは言うまでもなく、現在でいう中国東北地方である。

いかにも大時代的な名前からもわかるように、化石が発見されたのは20世紀に入ってすぐ。まだ中国に清王朝が存在した時代のことだった。

ロシア軍人が報告したのはなぜか

清朝末期の1902年、満洲北部のロシア国境地帯を流れる黒龍江《こくりゅうこう》(アムール河)流域の漁村・漁亮子《ぎょりょうし》付近で、川底の砂金を採っていた地元の漁民が奇妙な石を発見、「龍骨」ではないかと話題になった。

ウワサを聞きつけたのは、現地に駐留するロシア帝国軍のマナキン大佐だ。大佐は現地で調査をおこなっていくつかの化石を採集し、アムール河地区のロシア語ローカル刊行物『Priamurskie Vedomosti』にそのことを記載する。

この時点でマナキン大佐は「龍骨」の正体をマンモスの骨だと考えていたらしい。彼が手に入れた化石は、ロシア側から見た最寄りの街にあるハバロフスク博物館に届けられた。

ちなみになぜ、中国の恐竜化石をロシア軍人が調査したかというと、日露《にちろ》戦争の勃発《ぼっぱつ》前である当時、ロシアは満洲に積極的に進出していたためだ。とりわけ、露清両国の境界地域では国境が有名無実化しており、魚亮子村一帯はロシアの強い影響下にあったのである。

極東の国境地帯での化石発見の報告はしばらく放置されていたが、ロシア帝国は第一次大戦中の１９１４年から地質学者らの調査チームを何度か漁亮子付近に派遣。調査チームは再び化石を収集し、当時の帝都ペトログラード（現：サンクトペテルブルク）に持ち帰った。

その後にソビエト連邦の成立を経て、この調査チームのリーダーの同僚であったロシア人考古学者のアナトリー・リアビニン（Anatoly Riabinin）が研究を継続する。

リアビニンは当初、この恐竜をトラコドン（現在は「アナトティタン」の名で知られる）の仲間だとみなした。だが、１９３０年に発表した論文において、新種のマンチュロサウルスとして報告をおこなったのだった。

その後、１９７８年からは中国側でも、黒竜江省博物館のチームによる発掘がおこなわれた。

特に同年から翌年にかけての発掘プロジェクトでは、黒竜江省嘉蔭《かいん》県においてマンチュロサウルスを含む１４００点あまりの白亜紀末期の化石が発見され、周囲一帯は地元の人から「龍骨山」と呼ばれるまでになった。

マンチュロサウルスにはどこで会える？

リアビニンが報告したマンチュロサウルスの化石はサンクトペテルブルクの中央地質探査博物館に全身骨格の形で展示されているが、その大部分は石膏《せっこう》を用いて補完されている。1930年に論文が執筆された時点で、リアビニン自身がこのマンチュロサウルスの復元にあたって複数の個体を組み合わせた可能性を認めていることからもわかるように、恐竜研究史の初期にありがちな怪しげな復元がなされたようである。

いっぽう、ハルビンの黒竜江省博物館には、後の発掘で見つかった2体のマンチュロサウルスの全身化石が所蔵されている（ただし、1体は1994年に火災で損傷してしまった）。また、湖北省《こほくしょう》武漢《ぶかん》市の中国地質大学逸夫博物館にも全身の化石がある。

ほか、マンチュロサウルスの化石の発見地付近にある嘉蔭神州恐竜博物館にも、全身骨格のレプリカが展示されている。

ちなみに吉林省《きつりんしょう》長春《ちょうしゅん》市の吉林大学地質博物館にも、かつてはマンチュロサウルスの名で展示されていた化石があったという。だが、こちらは後年の研究によって同じハドロサウルス科の**カロノサウルス・ジャイネンシス**（*Charonosaurus jiayinensis*：嘉蔭卡戎龍）であったとされた。現在は名前を変更して展示されている模様である。なお、カロノサウルスは後頭部に、後方に向けて大きく付き出した突起を持っており、有名なパラサウロロフスに近い外見だったとみられている。

そもそも「マンチュロサウルス」は有効なのか？

研究史の初期に発見された恐竜にはよくある話ながら、マンチュロサウルスを独立した属として認めるかについては長年にわたり論争が存在する。

たとえば１９５０年代には楊鍾健（コラム2参照）が、「ロシアの中央地質探査博物館に展示された模式種の標本の復元があまりに悪く、化石本来の特徴をとらえがたい」といった指摘をおこなっている。

ほか、１９７０年代からはソ連やアメリカの研究者が、マンチュロサウルスの化石に独自の特徴が認められないことを指摘し、独立した属として認められるかどうか疑念を呈する論文を発表。この意見はその後も複数の研究者によって支持されている。

そもそもマンチュロサウルスは、同じく嘉蔭県で見つかったカロノサウルスの一種に過ぎないのではないか、という指摘もあるようだ。黒竜江省博物館と吉林大学地質博物館は、実は同種の化石を展示しているのかもしれない。

マンチュロサウルスは中国で最初に化石が見つかった恐竜であることから「神州第一龍」の異名を持つ（ここでの「神州」は日本のことではなく中国の別名だ）。国家の威信にかかわる存在であるだけに、中国ではナショナリズム的な事情から過剰に持ち上げられている側面もある。

だが、化石が見つかったのは「中国」という国名すらも存在しなかった清朝の時代だ。不確かなことが多いのである。

スヴェン・ヘディン隊が見つけた「さまよえる恐竜」たち
【ペイシャンサウルス　ヘイシャンサウルス】

スヴェン・ヘディン（Sven Hedin）をご存じだろうか？　19世紀から20世紀前半にかけて中央アジアへの探検を繰り返した、スウェーデン人の著名な探検家である。

古代のオアシス都市国家である楼蘭《ろうらん》の遺跡を発見し、その付近にかつてあった塩湖ロプノールを「さまよえる湖」と呼んだことで有名だ。楼蘭については、井上靖《いのうえやすし》の同名の歴史小説もよく知られている。

ヘディン探検隊はこの楼蘭遺跡の発見ゆえに、どちらかといえば地理や歴史の分野で業績をあげたイメージが強い。また、これは彼に限らない話だが、この時代の探検家たちを西洋から他の社会に対する文化財の略奪者として非難する意見も根強く存在する（事実としてそういう側面はあった)。

だが、実はヘディン探検隊は、中国古生物学への貢献という知られざる側面も持っている。かつてヘディンたちは、中国側からの文化財盗用の批判をかわす目的もあり、1927年から1935年まで両国合作の形で中国スウェーデン西北科学考査団(The Sino-Swedish Expedition)を組織した。

この考査団には、北京原人の化石の一部を発見したスウェーデンの古生物学者ビリエル・ボーリン(Birger Bohlin)や、中国の最初期の地質学者である袁復礼《ユエンフウリイ》(Yuan Fuli)をはじめ、地質学や古生物学の知識を持つ複数の研究者が加わっていた。

そして彼らは、冒険の旅のなかで少なからぬ恐竜化石を見つけている。

ややこしすぎる「北山の恐竜」

たとえば、ヘディンの冒険に従っていたボーリンは、1930年に甘粛省の白亜紀後期の地層から下顎《かがく》などの化石を見つけている。

この恐竜は中華人民共和国成立後の1953年、**ペイシャンサウルス・ピレミス**(*Peishansaurus philemys*:薄甲北山龍)の名で報告がおこなわれた。種名の由来は、甘粛省と新疆省(現在の新疆ウイグル自治区)の境界に伸びる北山(Bei shan)山脈にちなむ。

ボーリンはこのペイシャンサウルスを、アンキロサウルスなどの仲間の鎧《よろい》竜類だと考えた。だが、2000年前後にあらためて研究がおこなわれ、パキケファロサウルスなどの堅頭竜類ではないかという説や、プシッタコサウルスのような原始的な角竜に似ているという説も出た……。つまり、どんな恐竜だったかほとんどわかっていない。

加えてややこしいことに、同じ「北山龍」という漢字名を持つ、まったく別種の恐竜も存在する。すなわち2010年に報告された**ベイシャンロン・グランディス**（*Beishanlong grandis*：巨大北山龍）だ。こちらは新疆ではなく甘粛省の北山山脈周辺で化石が見つかった、白亜紀前期の獣脚類のオルニトミモサウルス類で、7～8メートルに達する巨体が特徴である。

ラテン語の学名こそ「サウルス」と「ロン」で異なるとはいえ、同じ山脈の付近で発見された恐竜の化石に、まったく同じ漢字の属名が付けられた点からしても、オリジナルのペイシャンサウルスの影の薄さがわかるだろう。

堅頭竜ではなく鎧竜でした

次に紹介するのも、同じくボーリンが1930年に甘粛省の嘉峪関《かよくかん》付近において、白亜紀後期カンパニアン期の地層から化石を見つけ、1953年に報告した恐竜である。

頭骨の破片と、歯や背中・尾などの骨の一部が見つかったこの恐竜は、**ヘイシャンサウルス・パキケファルス**（*Heishansaurus pachycephalus*：腫頭黒山龍）と名付けられた（さきほど登場したのはペイシャンサウルスとベイシャンロンで、こちらはヘイシャンサウルスである。大変ややこしい）。

種小名からもわかるように、ボーリンはこの化石をパキケファロサウルスのような堅頭竜類だと考えたようだが、21世紀になってから研究が進み、鎧竜類であるとされた。

鎧竜類に特有の分厚い背中の装甲を、ボーリンは頭骨と見間違えたようである。ヘイシャンサウルスとされる恐竜は、ピナコサウルスのシノニム（異名）ではないかとする研究もある。

ピナコサウルス。白亜紀後期、モンゴルから中国にかけて生息していた。

さまよえる恐竜たち

ほかにもヘディン隊が冒険のなかで見つけた化石はたくさんある。

たとえば、ボーリンが歯を発見した竜脚類の**キアユサウルス・ラクストリス**（*Chiayusaurus lacustris*：湖泊嘉峪龍）、やはりボーリンが椎骨を発見した鎧竜類もしくは剣竜類とみられる**ステゴサウリデス・エクスカヴァトゥス**（*Stegosaurides excavatus*：凹甲剣節龍）などだ、なお、念のため書けばこのステゴサウリデスは、有名なステゴサウルスとは別の恐竜である。

ほか、中国人地質学者の袁復礼が新疆で見つけた恐竜の化石には、**ティエンシャノサウルス・チタイエンシス**（*Tienshanosaurus chitaiensis*：奇台天山龍）がいる。ジュラ紀後期に生息していた体長12メートルほどとおもわれる竜脚類だ。

ヘディン隊と関係する恐竜たちはいずれも、中国の恐竜発掘史上では最黎明《れいめい》期に見つかっているだけに、残念ながら現在では疑問名とされてしまった種や、ほとんど分類ができないという「幻の恐竜」のような種が多い。ペイシャンサウルス、ヘイシャンサウルス、ステゴサウリデス……と、２０２０年代に生きる私たちには耳慣れない名前ばかりなのは、こうした事情ゆえだ。

もっとも、「さまよえる湖」を見つけた探検家のチームは、「さまよえる恐竜」もたくさん見つけていた。そんなロマンを感じる話ではある。

コラム３　化石盗掘の暗い影と中国恐竜研究の混乱【ラプトレックス】

中国の恐竜について、「陰の話題」の最たるものが盗掘問題である。

そもそも、現代の中国恐竜の代表選手であるシノサウロプテリクス（第１章参照）からして、農閑期に盗掘を生業《なりわい》としていたとみられる人物が発見したものだ。また、彼が化石を複数の博物館に持ち込んでいた事実からもわかるように、中国では一昔前まで、博物館や研究者の側も盗掘行為をおおっぴらに批判せず、むしろ盗掘者からそうした化石を買い取る立場にあった。

もっとも、当然ながら盗掘行為の弊害は大きい。不健全な経済活動の温床になるといった社会道徳的な面での問題はもちろんのこと、恐竜学の視点から見た場合は、発掘情報が失われてしまうことがなにより深刻な懸念である。

ちなみに中華人民共和国刑法の第３２８条では、科学的価値のある古人類（猿人・旧人）化石や古脊椎動物の化石を盗掘する行為は、悪質なものについては死刑と財産没収まで科せられる重罪となっている。

謎の恐竜、ラプトレックス

盗掘がもたらす学術研究の混乱を象徴する中国恐竜には、たとえば**ラプトレックス・クリエグスティイニ**（*Raptorex kriegsteini*：克氏暴蜥伏龍）がいる。

これは「レックス」という名前からもわかるように、ティラノサウルスの仲間の獣脚類だ。２００９年にシカゴ大学のポール・セレーノらによって『サイエンス』誌上で発表された論文によれば、約1億２５００万年前の白亜紀前期の恐竜で、年齢は5〜6歳であるとされた。体長は3メートルほどで、大きな頭と長い脚、さらに2本指の小さな前足を持つ。つまりはティラノサウルスをそのまま縮めたような姿をしていた。

セレーノの論文において、化石が見つかったとされた地層は中国遼寧省の義県《ぎけん》層。すなわち、多数の羽毛恐竜の化石で知られる熱河層群である。ラプトレックスの化石は圧密を受け、やや平らな形状をしており、これは熱河層群の他の化石とも一致する特徴であった。加えてセレーノは、化石に付着した岩石のなかに含まれた他の小さな化石（示準化石）から、やはりラプトレックスは白亜紀前期の恐竜だったであろうと主張した。

すなわち、白亜紀後期の恐竜であるティラノサウルスよりも約６０００万年も前に、ただサイズが小さいだけで非常によく似た身体的特徴を持つ先祖がアジアにいたという驚くべき報告がなされたのである。

従来、ティラノサウルスの大きな頭や小さな前足は、身体の巨大化にともなって進化したとみられてきた。だが、白亜紀前期の小型の獣脚類であるラプトレックスがほぼ同じ体型だったとすれば話は違ってくる。恐竜全体の象徴ともいえるティラノサウルスの進化史を大きく塗り替える、驚くべき発見である――。

と、セレーノの論文は非常に刺激的な内容だった。ゆえに世間でも注目され、AFPやBBCなどの欧米の大手メディアでも盛んに取り上げられている。

盗掘を逆手に取った研究をしたかった

だが、翌年にはこれに異議が唱えられ、やがて2011年にはアメリカのバッドランズ恐竜博物館に所属するデンバー・W・ファウラーによる本格的な反論論文が発表された。こちらの論文では、ラプトレックスの化石とともに見つかった示準化石の特徴だけでは、地層が白亜紀前期のものとは立証しがたく、またラプトレックスはおそらくタルボサウルスの仲間の約3歳の幼体の化石であるとみられるとの分析が示された（ちなみにタルボサウルスは、白亜紀後期のモンゴルに生息していたティラノサウルスと非常に近縁な恐竜である）。

化石が見つかった場所も、義県層ではなく、モンゴルのゴビ砂漠にあるネメグト層か、もしくは中国の内モンゴル自治区のイレンダバス層ではないかとの見立てが示された。

つまりラプトレックスは、ティラノサウルスよりも大幅に早い時期に存在した不思議なミニサイズ恐竜ではなかった。その正体は、「本家」と同時期のモンゴルにいた、近縁種の子どもでしかなかったようなのだ。

これほど大きな混乱が生じた理由は、ラプトレックスの化石が見つかった経緯にある。実はこの恐竜の化石は、研究者が加わった発掘チームによって、所在のはっきりした地層から掘り出されたものではなかったのだ。

ファウラーの論文が説明したところでは、ラプトレックスの化石はまずモンゴルの発掘者（おそらく盗掘者）によって掘り出されてから、東京在住のアメリカ人のブローカーに転売された。それがさらにアメリカのアリゾナ州ツーソンで開かれた宝石鉱石化石の見本市で「タルボサウルスの幼体の化石」として売られ、化石収集家の眼科医ヘンリー・クリーグステインによって購入されたのだという（なお、ラプトレックスの種小名は、この人物の父親でホロコーストを生き延びたユダヤ人であるローマン・クリーグステインにちなんで命名された）。

やがてクリーグステインは、化石をシカゴ大学のセレーノに見せた。するとセレーノはこれが中国で盗掘されてアメリカに密輸された白亜紀前期の義県層の化石であると判断し、論文を執筆した——。

セレーノは論文の発表直後に『ナショナル・ジオグラフィック』誌の取材に応じて、ラプトレックスの研究が「盗掘された恐竜の化石でも保存・研究できるという模範例になることを願っている」と語っている。結果的には大きな空振りに終わったものの、恐竜にまつわる「陰の話題」を逆手に取った斬新《ざんしん》な研究をおこなう意欲を持っていたのだろう。

裏返していえば、中国における化石の盗掘やヤミのルートを通じた海外流出が、当時はそれだけ横行していたという話でもある。やや余談めくが、ゼロ年代までは、中国で盗掘されたとみられる未知の鳥類や羽毛恐竜の化石が日本国内の化石見本市でも平気で売られており、マニアが購入していたという目撃証言もある。

いまなお消えない盗掘ビジネス

2010年代に入り、中国では鳥類や恐竜などの化石の盗掘や密売を防ぐ法律が整備され、それまで見られたような野放図な海外流出はかなり減少した。

現在は中国国内のEC（電子商取引）サイトである『タオバオ』などを検索しても、出所不明の化石が売られている例はほとんどみられない。

ただ、これは盗掘ビジネスが消滅したことを意味しない。海外への転売のほか、中国医学の材料「龍骨」としての需要、中国国内の富裕層によるインテリアや投資目的での購入、さらには最近になり中国でも裾野《すその》が広がった中国人恐竜マニアによる私的な収集など、さまざまな理由で恐竜の化石を欲しがる人たちは現在もなおたくさんいるからだ。

いっぽう、恐竜の化石が出る場所は山岳地帯や砂漠など現地の産業が乏しい辺鄙《へんぴ》な地域が多く、地元の一部の住民にとっては、刑罰のリスクを承知してでも一攫千金《いっかくせんきん》を狙うだけの動機がある。

中国側の報道を検索してみると、2020年代に摘発された恐竜化石の盗掘のニュースだけでも、たとえば以下のようなものがある（年齢は当時、以下同じ）。

【2020年12月】河南省三門峡《さんもんきょう》市盧氏《ろし》県范里《はんり》鎮で男性4人が逮捕。現地在住で当時42歳の毋《ウウ》××が親戚《しんせき》で32歳の範《ファン》××とともに山中での盗掘を図り、12月2日に地元の村人の王《ワン》××（55歳）と王×（52歳）の助けを得ながら雪山のなかで盗掘を決行。6日後に地元の派出所によって逮捕され、恐竜の化石とみられる岩石9・5

キログラムとスコップや輸送用のワゴンなどが押収された（2020年12月17日付『大河報』）。

【2022年7月】　広東省河源市東源《とうげん》県東方紅《とうほうこう》村の村人・王が同市源城《げんじょう》区の公安局により逮捕され、恐竜のタマゴとみられる化石が含まれた岩石23点（タマゴの化石160個）が押収された。捜査によると、王はすくなくとも2020年から、コミュニケーションアプリ『微信《ウエイシン》』の朋友圏《ポンヨウチユエン》（コミュニティグループ）やECサイトの『アリババ』『咸魚《シエンユイ》』などを通じて、「工芸品の模型」という名目で盗掘化石の販売を繰り返し、20万元（約400万円）を売り上げていたとされる。化石は白亜紀後期のものとみられている（2022年7月13日付『中国新聞網』）。

【2023年5月】　内モンゴル自治区バヤンノール市ウラド中旗で地元公安局が近隣の陝西省・甘粛省・寧夏回族自治区まで捜査網を広げた大規模な盗掘摘発作戦を実施した結果、容疑者6人を逮捕。242キログラムの化石を押収した。その後のバヤンノール自然史博物館の調査によれば、化石は約1億年前～約6600年前の白亜紀後期のものであるとみられている（2023年5月24日付『中国警察網』な

ど)。

もちろん、このようにして現地の報道に登場するのは摘発が成功した事例のみであり、盗掘ビジネス全体から見れば氷山の一角にすぎない。以前よりはかなり「マシ」になったとはいえ、中国における盗掘問題は相変わらず深刻だ。

科学的価値が比較的低い化石が、ミネラル・ショーを通じて商業流通すること自体は、古生物や恐竜に興味を持つ一般人の裾野を広げる効果もある。だが、なにをもって「売ってもいい」化石であると判断するかの線引きは非常に曖昧《あいまい》だ。こうした商業流通全体に厳しい態度を取る研究者も少なくない。

いまこの瞬間も、貴重な発見がヤミに葬られているかもしれないのだ。

第4章　中華全土、恐竜事情

——新疆・チベットでもマイナーな町でも化石は出る

襲いくるオオカミと高山病、過酷な環境から見つかるチベットの恐竜たち

【モンコノサウルス　チャンドゥサウルス】

中国内陸部の少数民族が多く住む辺境地帯、すなわち内モンゴル自治区と新疆ウイグル自治区は、恐竜の化石が非常に多く見つかることで有名である。だが、いまひとつ事情が知られていないのが、もうひとつの辺境地帯・チベット自治区の事情だ。

チベット高原は「世界の屋根」と呼ばれ、平均標高は富士山《ふじさん》の頂上よりも高い4000メートル前後に達する。普通に街にいるだけでも高山病を発症する人がいるため、現地のある程度しっかりしたホテルには酸素ボンベが常備されているほどだ。

2006年に青海省《せいかいしょう》ゴルムドとチベット自治区の区都ラサを結ぶ青蔵《せいぞう》鉄道が全線開通し、以前よりはアクセスが容易になった。とはいえ、チベットは1950年代に中華人民共和国に組み込まれるまでは中国の中央政府の直接支配下になったことがなく、いまなお散発的に中国支配への抗議運動が起きている土地だ。外国人は旅行会社のツアーに参加して入域許可証をもらった状態でなければ入れない場合が多いなど、自然環境と政治問題の双方の理由から訪問のハードルが高い。

チベット自治区には、東部のチャムド市付近のダマラ一帯にジュラ紀後期の地層があり、いくつか恐竜の化石が見つかっている。ただ、標高約4000メートルの高原は発掘作業をおこなうには環境が厳しすぎるためか、現在までに見つかった恐竜の種類は多くない。

それでもあえて、チベットの恐竜事情を紹介していこう。

辺境の謎の恐竜は鎧竜か？

チベットで化石が見つかった代表的な恐竜が**モンコノサウルス・ラウラクス**（*Monkonosaurus lawulacus*：拉烏拉芒康龍）だ。属の漢字名の由来である芒康《ぼうこう》県（チベット名：マルカム）はチャムド市に属する県で、チベット自治区の最東端にあり雲南省や四川省と接している。芒康県内を流れる金沙《きんさ》江《こう》と瀾滄江《らんそうこう》はそれぞれ長江とメコン川の上流部分に相当し、アジアの大河の上流部がともに流れる山深い土地である。種小名の由来は、現地の山である拉烏《らう》山《さん》だ。

モンコノサウルスは1977年1月、中国科学院の青蔵高原総合科学考察隊・古脊椎《せきつい》動物考察グループがチャムド付近でおこなった調査のなかで化石が見つかった。チベットでは最初期に掘り出された恐竜だとされる。

見つかった化石は全身のごく一部で、仙骨と2つの椎骨、さらに3つの板のような骨板だった。発見者の古生物学者・趙喜進《チャオシイジン》（Zhao Xijin）はこれが鎧《よろい》竜類の化石だろうと見当を付け、1983年にモンコノサウルス・ラウラクスとして論文を発表する。

ただ、その後に董枝明《ドンチーミン》（Dong Zhiming）があらためて研究をおこなったところ、モンコノサウルスはステゴサウルスの仲間（剣竜）であることが判明した。化石が見つかった年代も、当初は白亜紀前期とみられていたが、董枝明はジュラ紀後期に修正している。

種としては認めづらいかも……

モンコノサウルスは体長5メートルほどの恐竜だった。中国全体でも比較的早い時期に見つかった恐竜で、しかもチベットで最初に見つかったという箔《はく》がついているためか、中国で剣竜の仲間を扱う論文ではたまに名前が登場する。

ただ、モンコノサウルスは見つかった化石が断片的である。多くは骨が砕けた形で見つかっており、保存状態は決してよくなかった。

2006年にイギリスのスザンナ・メイドメント（Maidment, Susannah C.R）と中国の魏《ウエイ》光飆《グアンビヤオ》（Wei Guangbiao）が発表した、中国で報告された剣竜7種類について検討した論文は、モンコノサウルスの化石標本について「種として認めるに足るほどの特徴を観察しづらい」と指摘。モンコノサウルスは疑問名（=正式な学名とは認められない）であると主張している。

トゥオジャンゴサウルス。名前の由来である沱江《だこう》は、四川省東部を流れる長江の支流だ。

四川省とチベットをつなぐ環境

モンコノサウルスが種として認められるかはさておき、剣竜であることはおそらく間違いない。**トゥオジャンゴサウルス**（*Tuojiangosaurus*：沱江龍）や**チュンキンゴサウルス**（*Chungkingosaurus*：重慶龍）などの他の中国の剣竜たちの化石も、多くはチベット高原に比較的近い四川盆地で見つかっている。

ジュラ紀後期から白亜紀前期にかけての四川省からチベットにかけての一帯は、よほど剣竜が繁栄しやすい土地だったか、もしくは化石が残りやすい環境があったのだろう。

事実、チベットで見つかったもう1種類の恐竜化石も剣竜のものである。その名は**チ**

ヤンドゥサウルス（*Changdusaurus*：昌都龍）。モンコノサウルスが見つかったのと同じチャムド市の漢字名である「昌都《チャンドゥー》」が、そのまま名前になっている。

もっともこのチャンドゥサウルスは、モンコノサウルス以上に謎が多い。1983年に趙喜進の論文で言及された剣竜の仲間……なのだが、その後の研究はまったくなされていない。正確な地質年代も推定体長もすべて不明で、化石標本の現在の所在すら明らかではないという、かなり怪しげな恐竜だ。

当然ながら「チャンドゥサウルス」という名前も疑問名で、正確な学名ではない。

ハコモノで会える謎恐竜と謎魚竜

もっとも、この謎の恐竜・チャンドゥサウルスは、近年になりなぜか脚光を浴びている。チベットの区都ラサにある西蔵《せいぞう》自然科学博物館に、なんと全身の復元骨格（どういう根拠にもとづいて復元したのだろうか?）が展示されているのだ。

この博物館は2010年から工事が始まり、2015年に開館した施設である。かつて統治体制が弛緩《しかん》していた胡錦濤《こきんとう》時代の中国に多かった、ハコモノ行政の産物だ。おそらく、チベットの主要都市の名前を冠した数少ない地元の恐竜だということで、その怪しさを承知でチャンドゥサウルスの骨格を「復元」することになったのだろう。

ほか、チベット自治区南西部のシガツェ市ニャラム県からは、三畳紀後期の魚竜である**ヒマラヤサウルス・チベテンシス**（*Himalayasaurus tibetensis*：西蔵喜馬拉雅魚龍）が見つかっている。化石が見つかったニャラム県はネパール国境の街で、区都のラサよりもネパールのカトマンドゥのほうが近い。県内には標高8000メートル級の高山がそびえ立っている。そんな場所で発掘されたヒマラヤサウルスは、なんと文化大革命中の1972年に報告されたという、中国古生物界の古参である……。だが、こちらも研究が進んでおらず属名も疑問名とされている。ただ、西蔵自然科学博物館にはこのヒマラヤサウルスに関係した展示もあるようだ。

豪快研究者、チベットオオカミに勝利する

チベットで発見された恐竜や中生代古生物の多くは情報量が乏しい。むしろ面白いのは、モンコノサウルスやチャンドゥサウルスを発見した古生物学者の趙喜進についてだ。

趙喜進は1935年生まれ。中華人民共和国の建国後の1950年代にモスクワ大学に国費留学した経歴を持つ、中国科学院古脊椎動物・古人類研究所教授だった人物である。世代的には楊鍾健《ヤンヂョンジェン》（コラム2参照）と董枝明の間の世代に位置する研究者で、やはり中国の古生物学の「父」の1人と言っていい。後年に**シノサウロプテリクス**などの研究で有名になる

徐星《シュイシン》（Xu Xing）の師匠でもある。

中国の科学ニュースサイト『神秘的地球《シエンミーダディーチョウ》』２００９年3月2日付記事によると、モンコノサウルスが発見されるすこし前、趙喜進は心臓病の手術を受けていた。家族はそんな身体で標高４０００メートルのチベットへ発掘に行くことに大反対だったそうだが（しかもモンコノサウルスが見つかったのは厳寒期の1月だ）、それを押し切って出発したらしい。

チベットではフィールドワークの帰り道に同行者を見失って１人で歩いていたところ、オオカミに出くわし、発掘用のハンマーを振るって防御しながら大声で歌を歌って威嚇。なんとか仲間に助け出されたこともあったという。１９７７年という時代背景を考えれば、このときの彼はおそらく中国共産党の革命歌を歌ったのだろう。

また、ある日の発掘現場では複数の隊員が重度の高山病にかかりダウンした。ところがその後、新しく雇った現地の作業員と発掘を続けていたところ恐竜の歯の化石を発見したので、趙喜進は大喜びし、その場で二鍋頭《アルグオトウ》で乾杯したというエピソードもある。

二鍋頭は中国の庶民に親しまれているアルコール度数50%前後の蒸留酒だ（日本の中華料理店では「アルコート」の名で知られる）。高山で飲んでいいような酒ではない。チベットで恐竜化石を掘り続けた趙喜進は、さまざまな意味で豪快な研究者だったようだ。

高僧の足跡だと思ったら恐竜の足跡だった

趙喜進が発見したモンコノサウルスとチャンドゥサウルスは、中国の恐竜研究がまだまだ手探り状態だった時期の研究だけに、学問的にはちょっと残念な結果になった。だが、趙喜進は１９９３年に新疆で化石が見つかった獣脚類の**モノロフォサウルス・ジャンジ**（*Monolophosaurus jiangi*：将軍単冠龍）など、他にも多数の恐竜を発見しており、やはり中国の恐竜学の歴史に大きな足跡を残した人物なのは間違いない。

趙喜進は１９９５年に中国科学院を退職後、故郷にほど近い山東省諸城《しょじょう》市の恐竜研究に協力。市内に作られた恐竜博物館の従業員たちから「じいちゃん（爺爺《イエイエ》）」と呼ばれて親しまれる日々を送り、２０１２年に生涯を閉じた。晩年は中国の恐竜研究に大きく貢献した人物として、メディアから「中国龍王《チョングオロンワン》」の名で呼ばれていたという。

いっぽう、かつて中国龍王が活躍した秘境の地・チベットの恐竜事情は、近年になり徐々に熱くなりつつある。２０００年代に入ってからは、現地の人々がチベット仏教ニンマ派の伝説的人物グル・リンポチェの足跡だと考えて拝んでいた岩盤の正体がジュラ紀の竜脚類の足跡化石だと判明。研究が進められるようになった。

チベットは政治的にたいへん難しい事情を抱えた地域だが、恐竜研究の分野では未知のフロンティアでもある。

山東省諸城市にいたティラノサウルスとトリケラトプスの祖先たち

【ズケンティラヌス　シノケラトプス】

本書で紹介した中国の恐竜の種類で、おそらく最も多いのは、羽毛恐竜**シノサウロプテリクス**の発見を境に中国恐竜の話題の中心となり続けている獣脚類（特にコエルロサウルス類）に関するエピソードだろう。また、竜脚類やハドロサウルス類も多く登場している。

いっぽう、実はあまり出てこないのが角竜類だ。それにはもちろん理由がある。

中国ではプシッタコサウルスのほか、**インロン**（*Yinlong*：隠龍）や**アルカエオケラトプス**（*Archaeoceratops*：古角龍）、**リャオケラトプス**（*Liaoceratops*：遼寧角龍）など、原始的な姿の角竜類はかなり多く見つかっている。

だが、もっと発達した仲間——つまり、トリケラトプスのような大きな角と、後頭部に発達したフリルを持つ、いかにも「角竜らしい」姿の角竜は、近年まで中国でほとんど見つかってこなかったのだ。

しかし、最近10年でこうした常識が塗り替えられはじめている。

そこで注目したいのが、**シノケラトプス・ズケンゲンシス**（*Sinoceratops zhuchengensis*：

シノケラトプス。映画『ジュラシック・ワールド　炎の王国』にも登場。制作側が中国市場を意識したためかもしれない。

諸城中国角龍）だ。これは山東省諸城市の白亜紀後期の地層から頭骨の化石が見つかり、２０１０年に報告された角竜である。

シノケラトプスは鼻面からフリルにかけて長さ１８０センチ、フリルの横幅が１０５センチと非常に巨大な頭骨を持ち、さらに長さ30センチ以上の太い角が鼻面に生えていた。また、フリルの縁にも湾曲した角が10本以上あったとみられている。全長はおそらく５～７メートルくらいだった。「角竜らしい」外見の角竜は、中国に生息していたのだ。

「中国龍王」道をひらく

もともと、諸城市では龍骨澗《りゅうこつかん》という村の郊外で、恐竜の化石がよく発見されてきた。地名に「龍骨」が含まれている点を見ても、前近代から化石が出ていたことが想像できる地名である。

この龍骨澗では1964年にハドロサウルス類の大腿骨《だいたいこつ》が見つかり、それが1973年に中国地質博物館の胡承志《フウチエンヂー》（Hu Chengzhi）によって**シャントゥンゴサウルス・ギガンテウス**（*Shantungosaurus giganteus*：巨型山東龍）と命名された。

さらに1988年からは、前出の「中国龍王」の趙喜進が大規模な発掘プロジェクトを指揮して、多数の化石を発見する。さらに趙喜進は2008年から開始された発掘プロジェクトにも、老いをものともせず加わっている。

この2008年からの発掘では、龍骨澗から山をひとつ隔てて4キロメートルほど離れた臧家荘《ぞうかそう》という村近くの山肌で、大量の恐竜化石の集積地が見つかった。

その多くはシャントゥンゴサウルスの仲間かとみられるハドロサウルス類だったが、趙喜進の弟子にあたる徐星が、そのなかで巨大な角竜の頭骨を発見する。

当時、北アメリカ以外で大型の角竜の化石は見つかっておらず、この発見は恐竜研究史を大きく更新する大発見だと言ってよかった。シノケラトプス（中国角龍）という、中国を背負うような学名が名付けられたのも、趙喜進や徐星の気負いを示すものといえる。

角竜で最大だったかも

トリケラトプスなどのように角を持つ進化型で大型の角竜類は、カスモサウルス亜科とセントロサウルス亜科のふたつに大きく分けられる。カスモサウルス亜科は体格が大きい種が数多く含まれていて、頭骨のフリルも発達しており、3本の角を持つ。有名なトリケラトプスはこちらの仲間である。いっぽう、セントロサウルス亜科は比較的小柄でフリルも小ぶりであることが多く、その反面、鼻面には大きな角やこぶを有する。スティラコサウルスやパキリノサウルスなどがこちらの仲間である。

シノケラトプスは形質的にセントロサウルス類であるとされたが、頭骨の大きさから、この仲間のなかでは最大級の体格の持ち主だったとみられた。

後に肩甲骨も見つかり、こちらは世界でこれまでに見つかったあらゆる角竜類の肩甲骨のなかでも最大級だった。おそらくシノケラトプスは、セントロサウルス類はもちろんのこと、角竜全体で見ても最大クラスの恵まれた体格を持っていたようだ。

ティラノサウルスもトリケラトプスも

シノケラトプスの化石が見つかる前から、白亜紀の北米大陸とユーラシア大陸は、おそらく陸路で接続したタイミングがあっただろうとみられてきた。だが、かつてのこの説の最大の弱点は、ユーラシア大陸の側で大型の角竜の化石が見つかっておらず、北米との生物分布の連続性を十分に確認できない点にあった。ゆえに、シノケラトプスの発見は、北米大陸とユーラシア大陸の陸路接続を証明するうえで非常に重要な論拠となった。

徐星は雑誌『科学人《クーシュエレン》』に2012年5月に寄稿した一般向け記事「中国角龍出土記」のなかで、角竜はおそらくその起源がアジアに求められ、それが北米大陸へ放散してからさらに進化して繁栄していったのだろうと仮説を述べている。

こうした進化の過程は、ユーラシア大陸にいたころの祖先は比較的小さな獣脚類だったのが、北米に移住してから大型化したティラノサウルスの仲間ともよく似ている。

恐竜の代名詞的存在でもある獣脚類のティラノサウルスと角竜類のトリケラトプスが、ともに中国大陸に起源を持っていた可能性が高いことは、大変興味深い。

2020年8月にも新種発見!

シノケラトプスの化石が見つかった山東省諸城市は、近年になり巨大な恐竜の化石が次々と見つかっており、いま中国で最も注目するべき「恐竜の郷《さと》」のひとつだ。

たとえば2001年には、全長10~12メートルの大型のティラノサウルスの仲間、**ズケンティラヌス・マグヌス**(*Zhuchengtyrannus magnus*:巨型諸城暴龍)が報告されている。

また、シノケラトプスが報告された年と同じ2010年には、角竜類のなかでは原始的な形質を残すレプトケラトプスの仲間である、**ズケンケラトプス・イネクスペクトゥス**

（*Zhuchengceratops inexpectus*：意外諸城角龍）というユニークな中国名の角竜も報告された。

最も新しいところでは、シノケラトプスの発見地と同じ諸城市臧家荘付近で化石が掘り出された、非常に保存状態がよい新種の鎧竜類が２０２０年８月に報告されている。こちらは**シナンキロサウルス・ズケンゲンシス**（*Sinankylosaurus zhuchengensis*：諸城中国甲龍）と、あたかもシノケラトプスと対になるかのような命名がなされた。

白亜紀後期の中国山東省では、大型のティラノサウルスの仲間と、大型の角竜類と鎧竜類が闊歩《かっぽ》していた。かつてはアジアでも、北米の恐竜世界とそっくりな光景が見られたようなのだ。

河南省のマイナー県、恐竜で町おこしを図る

【ナンヤンゴサウルス　ルヤンゴサウルス　シエンシャノサウルス　ゾンギュアンサウルス】

河南省の汝陽県《じようよう》──。と聞いて、ピンとくる日本人はほとんどいないだろう。歴史的な古都・洛陽市《らくよう》の郊外にある小さな県である。

三国志《さんごくし》に詳しい人は、後漢《ごかん》末（２世紀末）の武将である袁紹《えんしよう》や袁術《えんじゆつ》が「汝陽の人」だったことを思い出すかもしれない。しかし、当時の中国で「汝陽」と呼ばれた場所（河南省周口《しゆうこう》

市商水《しょうすい》県）と現在の汝陽県とは200キロ以上離れている。実は両者に直接的な関係はない。現代の汝陽県の名物はお酒らしいが、基本的には個性の薄い場所である。だが、2000年代のなかばごろから、この土地は「恐竜」の視点ではかなりの注目株となった。

はじまりは1989年

汝陽県の劉店《りゅうてん》郷から三屯《さんとん》郷にかけての地域には鉄分を含有した赤い岩の地層（レッドベッド）が広がり、化石が見つかりやすい地層だった。

もっとも、現地の人たちの大部分は20世紀の終わりになるまで化石の知識を持っていなかった。ゆえにこの汝陽県のレッドベッドは、例によって「龍骨」が採れる場所としてのみ知られ、採掘された化石が売買されてきた（もっとも、それほど大規模な転売はおこなわれていなかった模様だ）。

そんな汝陽県に変化が訪れたのは1989年のことである。

長年にわたり龍骨の収集を趣味としてきた地元の老共産党員・曹鴻欣《ツアオホンシン》が、中国科学院に手紙と龍骨のサンプルを送り、専門家による調査を依頼したのだ。手紙を受け取った董枝明がサンプルを見てみると、たしかに恐竜の骨であるように見えた。

しかし、それまで中国当局が把握していた地質報告では、汝陽県付近の地層は新生代の古第三紀であるとみなされてきたため、このサンプルが本当に現地から掘り出されたものかを含めて調査する必要があった。そこで董枝明は愛弟子の呂 君 昌《リュイジュンチャン》（Lü Junchang）らを現地に送り、詳しく調べさせることになる。

多忙の天才、論文発表が遅れる

もっとも、調査はすぐには実を結ばなかった。

第1回調査のときには、呂君昌たちは曹鴻欣老人の案内のもと、現地の村人が「龍骨」を採掘している山をいくつか回ってみたのだが、化石は見つからず。村人たちが掘り出した龍骨の現物をいくつか持ち帰っただけに終わったのである。

もっとも、めげない呂君昌はその後の数年間、さらに3回にわたり汝陽県でのフィールドワークを継続した。やがて1993年、ついに曹家溝《そうかこう》と呼ばれる場所に恐竜化石が出るポイントを見つけ、いくつかの骨を掘り出すことに成功する。

だが、汝陽県の恐竜はなかなか陽の目を見なかった。

調査にあたった当の呂君昌が、博士号取得を目指してアメリカに留学してしまい、ながらく中国を離れることになったのだ。呂君昌は才能に恵まれた研究者で、日本の勝山市《かつやま》で3回にわたり発掘をおこなうなど、やがて国際的に活躍するようになった……。だが、それゆえに汝陽県の恐竜についてはなかなか論文が発表されず、大規模な再発掘調査もおこなわれないまま長い時間を経ることになったのである。

（余談ながらこの呂君昌は、日本の恐竜ファンなら誰もが名前を知る北海道大学総合博物館教授の小林快次とほぼ同時にサザンメソジスト大学に留学しており、両者は交流が深かった。呂君昌は２０１８年秋に53歳で亡くなっており、早すぎた死が惜しまれる。詳しくは２２０ページを参照）。

諸葛孔明、展示の主役には弱かった

汝陽県の恐竜に光が当たるのは、中国で改革開放政策が軌道に乗った２０００年代になってからだ。ハコモノ行政が盛んにおこなわれていた胡錦濤政権下の２００５年、河南省地質博物館が建て替えられることになり、展示品の目玉として恐竜骨格を設置することになったのである。

それまで、河南省では有名な恐竜化石があまり出ていなかった。そこで博物館側としては、ひとまず１９９４年に趙喜進らのチームが河南省で見つけた鳥脚類の骨格標本を置いておく計画だった。

この鳥脚類は**ナンヤンゴサウルス・ジュゲイイ**（*Nanyangosaurus zhugeii*：諸葛南陽龍）といい、その中国名からもわかるように三国志の諸葛孔明《しょかつこうめい》にちなんで命名された。白亜紀前期に生息した体長４～７メートルの恐竜で、イグアノドンの仲間とハドロサウルスの仲間の中間くらいの生き物だった。

だが、ナンヤンゴサウルスは鳥脚類の進化史を研究する上では興味深いものの、素人目に見ると地味に見える恐竜である。諸葛孔明の名を冠しているにもかかわらず、博物館の「人寄せ」の観点からは、展示の主役を張るにはちょっと厳しいところがあった。

ゆえに困っていた博物館の館長・張興遼《チャンシンリャオ》は北京の董枝明に相談した。すると、こんな返事がきたのだった。

「そんなにあちこちを探し回らなくても、汝陽県から恐竜の化石が出るぞ」

大型調査で明らかになった「シン・恐竜天国」

かくして、博物館を所管する河南省国土資源庁の強力なバックアップのもと、２００５年から汝陽県一帯で発掘プロジェクトが進められた。今回の調査では、それまで汝陽県を調査してきた呂君昌のみならず師匠の董枝明も現地入りし、県はじまって以来の大型調査がおこなわれたのだった。

その成果は非常に大きかった。

竜脚類・鎧竜類・ハドロサウルス類と大小の獣脚類など、多種多様な恐竜の化石が発見されたのだ。そのなかには、後述するようなアジア最大級の巨体をほこる巨大な竜脚類の化石もあった。河南省政府や博物館側が大喜びしたことは想像に難くない。

河南省地質博物館関係者の徐莉《シュイリー》・張興遼と、呂君昌らが2010年に連名で発表した論文によると、これらの汝陽県の恐竜たちの化石がある地層は、おおむね白亜紀前期アルビアン期（1億1300万年〜1億50万年前）から白亜紀後期チューロニアン期（9390万年〜8980万年前）ごろの時期のものだとみられた。

以下、一連の調査で汝陽県から見つかった主な恐竜たちを紹介していこう。

【ルヤンゴサウルス・ギガンテウス（*Ruyangosaurus giganteus*：巨型汝陽龍）**】**

ティタノサウルスの仲間の竜脚類で、2017年夏に幕張《まくはり》メッセで開かれた「ギガ恐竜展2017」の目玉展示でもあったことから、ご存じの読者もいるのではないだろうか。化石が見つかった右脛骨《けいこつ》の長さは127センチに達しており、推定される体長は30メートルを大きく上回る。おそらくアジアで最大クラスの巨大恐竜だったと思われる（ギガ恐竜展での公称は体長38メートル、高さ14メートル、重さ130トンだった）。

中国の竜脚類といえば**マメンチサウルス**が長年にわたりおなじみなのだが、「アジア最大の恐竜」というキャッチフレーズはインパクトが強い。今後、ルヤンゴサウルスが中国のメジャー恐竜の一角を占める可能性は高いはずだ。

【ファンヘティタン・ルヤンゲンシス（*Huanghetitan ruyangensis*：汝陽黄河巨龍）**】**

２００５年からの汝陽県での発掘調査で、最初に発見された恐竜の化石がこちらである。先に甘粛省蘭州《らんしゅう》市で見つかった模式種の**ファンヘティタン・リュジャシャエンシス**（50ページ参照）の仲間と考えられ、この名前が付いているが、その後の研究ではファンヘティタンとは別属ではないかという指摘も出ている。

このファンヘティタン・ルヤンゲンシスは、保存状態のいい肋骨《ろっこつ》の化石が見つかっている。その長さは2・93メートルに達しており、全恐竜のなかでも指折りの太い胴体を持つ、非常に体格のいい恐竜だったと考えられている。推定される体長も32メートルと、やはりアジア有数の巨大さである。

【シアンシャノサウルス・シジアゴウエンシス（*Xianshanosaurus shijiagouensis*：史家溝峴山龍）**】**

同じくティタノサウルスの仲間の竜類脚で、２００９年に新種として報告された。「ギガ恐竜展２０１７」でも復元骨格が展示されたようだが、推定される体長などの細かな数字は、ネットを調べるだけではなかなか出てこない（ギガ恐竜展の写真を見る限りは全長20メートルくらいだろうか）。

このシアンシャノサウルスについての最大の注意点は、名前を日本語のカタカナで表記したときに、他の恐竜と混同しやすいことだろう。

たとえば新疆ウイグル自治区で化石が見つかり、１９７７年に新種として報告された獣脚類に、**シャンシャノサウルス・フオイヤンシャネンシス**（*Shanshanosaurus huoyanshanensis*：火焰山鄯善龍）と呼ばれる恐竜がいる。もっともこの「シャンシャノサウルス」は、その後の研究を通じてタルボサウルスの幼体だったとみなされるようになり、独立した種とはみなされなくなった。なので、近年報告された竜脚類である「シアンシャノサウルス」と間違える可能性は比較的低い。

もっとまぎらわしいのは、浙江省江山《こうざん》市礼賢《れいけん》郷で化石が見つかり、２００１年に報告された**ジャンシャノサウルス・リシアネンシス**（*Jiangshanosaurus lixianensis*：礼賢江山龍）である。

困ったことに、「ジャンシャノサウルス」は「シアンシャノサウルス」と同じ竜脚類かつ同じティタノサウルス類であるうえ、ほぼ同じ時代に生きていた。ほとんど「引っ掛け問題」と言ってもいいほど、よく似ている（もっとも、漢字名やラテン語名はそれぞれまったく異なるので、両者を間違える可能性があるのはカタカナで恐竜の名前を表記する日本人だけである）。

【ゾンギュアンサウルス・ルオヤンゲンシス（*Zhongyuansaurus luoyangensis*：洛陽中原龍）**】**

こちらは鎧龍類である。なお、鎧竜類は一昔前までの研究では、尾の先にハンマー状の骨塊を持たないノドサウルス科と、骨塊を持つアンキロサウルス科のおおきく2つの仲間に分かれると考えられてきた。

ゾンギュアンサウルスの化石は尾の先にハンマーを持っていなかったことから、当初はノドサウルス科であろうとみられていたが、やがて原始的なアンキロサウルス科であるとする説が出された。さらに近年になって、内モンゴル自治区で見つかった**ゴビサウルス・ドモクルス**（*Gobisaurus domoculus*：蔵匿戈壁龍）のシノニムではないかとする論文も発表された。

恐竜町おこし、コロナに邪魔される

それはさておき、大量の化石発見ラッシュによって、従来は冴《さ》えない地方であった汝陽県はめでたく中国社会科学院から「中国恐竜の郷」の称号を得ることとなり、中国版の地域創生に成功することとなった。

2011年には化石の発掘地付近が汝陽恐竜化石群国家地質公園に指定され、併設する博

物館も建てられた。こちらの博物館では、どうやらファンヘティタン・ルヤンゲンシスやゾンギュアンサウルスの復元骨格も展示されているようだ。

さらに恐竜での町おこしをねらう汝陽県は2019年、旧正月（春節）時期に第1回恐竜文化祭り（恐龍文化廟会）を開催したところ、こちらも大盛況に終わった。その後、コロナ禍の影響を受けて恐竜町おこしは一時的に足踏みしたが、最近はふたたび恐竜関連のニュースが出るようになった。

かつての龍骨の産地から、一転してアジア最大の恐竜の化石発見地として脚光を浴びるにいたった河南省の田舎町の数奇な運命であった。

コロナ禍で有名になってしまった湖北省にも恐竜はいた【ユンシアンサウルス】

2020年1月、不幸な形で全世界にその地名が知られたのが中国の湖北省だ。省都の武漢市において、新型コロナウイルスの大規模な感染拡大が世界で最初に起きたためである。

湖北省はかつて荊州《けいしゅう》と呼ばれた地域の北部にあたり、ちょうど中国本土（明代までに漢民族が主に居住していた地域）の中央に位置する。三国志の時代に群雄が荊州の領有を争ったのも、東西南北への交通路が交差する重要な拠点だったためだ。

この土地にも、もちろん恐竜の化石は眠っている。

湖北省において中生代の古生物の化石が特に多く見つかっているのは、省内北西部に位置する十堰《じゅうえん》市の付近だ。行政上は「市」（地級市）ではあるものの、その領域の中部には道教の名山である武当山《ぶとうざん》がそびえ、北部には中国の黄河流域圏と長江流域圏を分ける秦嶺《しんれい》山脈が横たわるという、山深い土地である。

岩を爆破していたら龍の骨が！

湖北省ではじめて恐竜の化石が見つかったのは1997年7月のことだ。

当時、同省の鄖《うん》県（現在の十堰市鄖陽《うんよう》区）梅鋪《ばいほ》鎮李家溝《りかこう》村では農産物市場の建設工事がおこなわれていた。工事が始まってから半月ほど経ち、土の表面が1メートルほど掘り返されると、広範囲に岩盤が広がっていることがわかった。これ以上深くは人力で掘ることができず、爆薬で岩盤を吹き飛ばして作業が続けられることになった。

7月20日午後5時ごろ、各班に分かれて作業していた近隣の農民たちのうち、発破作業で出た岩石の運び出し作業に従事していた楊守義《ヤンショウイイ》という農民とその妻が、動物の大腿骨のような形状の不思議な石を発見する。この石は長さ45センチ、直径15センチほどであった。

現場では牛や人間の大腿骨に似ていると話す人もいたが、大多数の意見は「龍骨」に違いないというものであった。一昔前までの中国農村ではありがちなパターンである。

現地で指揮をとっていた梅鋪鎮の副鎮長・趙文龍《ヂャオウエンロン》は、なんだかよくわからないままに、この「龍骨」を近所の商店の屋内に保管しておくことにした。

地元共産党員、上級部門に報告す

さらにしばらく工事を進めていると。現場からは大腿骨や椎骨・肋骨など、さまざまな骨片が50点あまりも掘り出された。22日、工事プロジェクトチームの副書記を務める共産党員の牛正華《ニョウヂェンホア》が発破用の火薬を持って現場にやってきたので、発見者の楊守義は彼に大声で報告した。

「書記どの！　こりゃいったい、何だと思います？」

牛正華は謎の「龍骨」を見て、もしかするとテレビで見た恐竜の骨かもしれないと当たりをつけた。鄖県や隣接する河南省南陽《なんよう》市西峡《せいきょう》県などの地域では、これまでにも恐竜のタマゴが見つかったことがある。骨が見つからないともいえまい。

「ひょっとすると重要なものかもしれん。現場を保護して、党の上級部門に報告しよう。この工事はいったんストップだ。残りの場所の作業を進めてくれ」

ところがその後数日のうちに、別の現場からも50点あまりの骨が出てきたので、残りの工事も中止になってしまった。

武漢市内で研究は進む

7月末には、中国地質大学教授の周修高《チョウシュウガオ》らの専門家が工事現場にやってきて、この工事現場の周辺12平方キロメートルにわたり白亜紀の地層が広がっていると、おおまかに推定した。

さらに8月には中国科学院古脊椎動物・古人類研究所教授の趙喜進らも到着。趙喜進は見つかった骨を観察して、恐竜の骨格はどうやら3体以上だと推定した。また、そのなかの鳥脚類の化石は約8000万〜9000万年前の白亜紀後期のものだとされた。

その後、見つかった化石が武漢市内にある湖北地質博物館に運ばれてクリーニングをうけたところ、骨の合計点数は399個にのぼり、8個体以上の恐竜が含まれていると判明する。

見つかった恐竜の種類は、獣脚類の**モノロフォサウルス**（*Monolophosaurus*：単冠龍）の仲間と、鳥脚類の**バクトロサウルス**（*Bactrosaurus*：巴克龍）の仲間、さらに竜脚類も含まれていた。

その後、2011年4月に内モンゴル古生物研究所の所長・譚慶偉《タンチンウェイ》が率いる調査チームが梅鋪鎮李家溝村で発掘調査をおこなったときにも、ハドロサウルスの仲間の化石が見つかっている。

謎の「新型恐竜」の正体は?

この1997年7月に梅鋪鎮李家溝村で見つかった竜脚類は、名前が付けられている。その名はユンシアンサウルス・フベイ(*Yunxiansaurus hubei*:湖北鄖県龍)だ。漢字名を見ればわかるように、「鄖県」と「湖北」をつなげただけのシンプルな命名である。

ユンシアンサウルスがいかなる恐竜であったかは、現時点ではほとんど不明だ。

この恐竜の名前は、隣の河南省の地質専門家の周世全《チヨウシーチユエン》の著書『中国南陽恐竜蛋』(2005年、中国地質大学出版社)ですこし言及されているほかは、ほとんど学術的な文献に出てこない。もちろん論文で報告されてもいないため、正式に新種としても認められていないのだ。

とはいえ、武漢市内にある湖北地質博物館4階の古生物フロアには、このユンシアンサウルスの復元骨格が展示されているという。学問的な正しさはともかく、湖北省の住民に親しまれている恐竜なのは間違いないだろう。なんせ、名前に「湖北」を冠した恐竜なのだ。

湖北省はタマゴがすごい

ユンシアンサウルスが発見されるすこし前から、湖北省十堰市の一帯は恐竜のタマゴの化石がよく見つかる地域として知られていた。最初のきっかけは1995年、郵便局員が地元の研究者・王正華《ワンヂエンホア》（後の鄖陽区博物館館長）に、農民がタマゴ状の奇妙な石を掘り出したという噂を伝えたことだ。

王正華はこの噂を県の博物館や文化局に知らせた。調査隊が付近一帯を調べたところ、柳《りゅう》陂《は》・紅寨子《こうさいし》・李家溝・臥龍山《がりゅうさん》・磨《ま》石溝《せきこう》……といった各地で無数のタマゴ化石が発見された。タマゴの形も、いわゆる「タマゴ形」のほかに球形や楕円《だえん》形と各種各様であり、色も褐色・暗褐色・灰白色と３種類があった。

発見地が広範囲にわたることで、「青龍山《せいりゅうざん》恐竜蛋《たん》化石群」という総称も与えられた。ときに盗掘や転売に苦しみながらも研究者たちの発掘調査は進んだ。18年前、２００２年の時点ですでにタマゴ化石を含む岩盤が２０００枚見つかっていたとする報道があるため、現在はさらに多く見つかっていることだろう。

通常、恐竜の骨格とタマゴでは、化石になりやすい環境が異なるといわれる。研究者の間では、タマゴが多く見つかる地域ではかえって骨が見つかりづらいという認識もあった。しかし、１９９７年のユンシアンサウルスらの骨の化石が発見されたことで、十堰市付近が骨とタマゴの双方が化石として見つかる稀有《けう》な地域であることも明らかになった。

現在、青龍山には柳陂鎮青龍山恐竜蛋遺址《いし》博物館という大規模な恐竜博物館が作られ、２０１９年８月には中国鄖陽恐竜蛋研究センターという恐竜のタマゴ化石の専門研究施設も建てられている。ほか、省都の武漢市にある湖北地質博物館の恐竜展示も、十堰市から産出した化石を多く展示しているらしく、まずまず見ごたえがあるようだ。

難読地名都市・江西省贛州市で続々と見つかる化石

【バンジ・ロング　ガンジョウサウルス　ジアングシサウルス　ナンカンギア　フアナンサウルス　コリトラプトル】

中国南部の内陸部にある江西省《こうせい》は、かなり影が薄い省である。面積・人口・経済のいずれも、中国の各地方のなかでは「中の中」か「中の下」。古い歴史を持つ地域ではあるが、一般的な日本人が知るほどの有名な世界史的事件の舞台になったことはない。名物は辛い料理とはいえ、国際的に有名な四川料理や、毛沢東が好んだ湖南料理と比べると、やはり知名度は低い。

そんな江西省の略称は「贛《かん》」といい、その名前を冠する街が、省内の最南部に位置する贛《かん》州《しゅう》市だ。山がちな場所であり、中国共産党の初期の革命拠点だった以外には、いまひとつ話題に乏しいマイナーな街なのだが、実は恐竜に関してはなかなか熱い場所だ。

タマゴを抱くオヴィラプトル

まずは、最近話題になった発見を取り上げておく。

２０２０年12月、雲南大学古生物研究院の畢順東《ビーシュンドン》（Bi Shundong）らが、学術雑誌『Science Bulletin』（科学通報）に、巣で抱卵している姿の小型オヴィラプトロサウルス類の化石について英語の論文を寄稿している。

発見された場所は江西省南部の贛州市の鉄道駅（贛州駅）付近。南雄層（Nanxiong Formation）と呼ばれる、約７０００万年前の白亜紀後期の地層から見つかった。ニュースを報じた新華社は、「今回の化石はオヴィラプトロサウルス類が巣の上に伏して抱卵する姿勢を取っていたことを示していることに加え、より貴重であったのは、巣のなかにまさに孵《ふ》化《か》しようとする胚《はい》が保存されていたことだ」との畢順東のコメントを伝えている。

見つかったのは、親らしき成体の恐竜の化石と、孵化直前で胚の骨が露出していたものを含む少なくとも24個のタマゴの化石、すなわち抱卵中の巣の化石だった。親とタマゴと胚がセットで見つかるケースは非常に珍しい。

成体は前足を後方に向けて広げる形で巣に覆いかぶさり、後ろ足は身体の下に折りたたむ形となっていて、身体は巣の中心に位置していた。頭部や尾の骨は失われていたが、体長はおそらく2メートルほどだろうとみられた。また、タマゴは最大のものが長さ21・5センチ、幅8・5センチ。巣のなかで円状に配置され、3層あった。

55ページでも書いたように、かつてオヴィラプトルは他の恐竜のタマゴを盗む恐竜（タマゴ泥棒）であると考えられていたが、実際は子育てに熱心だったようだ。今回、化石が見つかった成体のポーズは、現代の鳥類が抱卵するときの姿勢とほぼ同じだったとされる。

胚のうえにオヴィラプトルがうずくまっていたことは、オヴィラプトルがタマゴが孵化するまで、抱卵行動を続けていたことを示していた。かつてのタマゴ泥棒の汚名返上後も、オヴィラプトルがどこまで子育てをおこなっていたのかは議論があったが、今回の発見は子育て説をサポートする形になりそうだ。

道路工事中にタマゴ発見！

贛州市付近ではタマゴの化石が多く見つかっている。最近でも2021年4月21日の午前中、贛州市于《う》都《と》県寛《かん》田《でん》郷楊《よう》公《こう》村付近で幹線道路の建設工事に従事していた労働者数人が、丸っこい石が吹き出物のようにぽこぽこと突き出ている不思議な岩盤を発見した。

これは恐竜のタマゴの化石ではないかと考えた労働者の肖《シャオ》さんは、すぐさま周囲の作業を停止させて現場を保存し、楊公村の共産党支部書記・管宝華《グァンバオホア》に電話。管宝華は現場を見てから、さらに寛田郷政府に連絡、寛田郷の党幹部がさらに于都県博物館に連絡した。

博物館のスタッフが確認したところ、肖さんが見つけた石は確かに恐竜のタマゴの化石で、数は10個であるとされた（１９９０年代までの農村での化石発見のエピソードと比べると、２０２０年代は化石発見から研究機関の調査にいたるまでの流れが非常にスムーズになっており、こうした部分からも中国社会の変化が感じられる）。

新華社によると、江西省ではすでに恐竜のタマゴの化石が数万個も見つかっており、その多くは贛州市（区部）や、贛州市に属する信豊《しんほう》県で発見されたという。多くは約６６００万年前の白亜紀末期のものという。

近年の中国のお約束として、贛州市でも恐竜が新たな地域おこしの目玉になっている。２０１７年には中国古生物化石保護基金会によって、贛州市に「中国恐龍乃郷（中国恐竜の郷）」なる愛称がつけられた。

「タマゴ泥棒」とされた恐竜の仲間が大量に

贛州市で見つかる恐竜化石の特徴は、タマゴのほかに、多種多様なオヴィラプトロサウルス類が目立つことだ。すくなくとも２０１７年までに7属が報告されている。もとは「タマゴ泥棒」の濡《ぬ》れ衣《ぎぬ》を着せられた恐竜の仲間が、たくさん見つかっているのである。

以下にそれぞれ見ていこう。

【バンジ・ロング（*Banji long*：斑嵴龍）**】**

２０１０年、著名な恐竜研究者である中国科学院古脊椎動物・古人類研究所の徐星（Xu Xing）と、その教え子で当時はまだ大学院生だった韓鳳禄《ハンフォンルー》（Han Fenglu、現在は中国地質大学地球科学学院副教授）によって報告された。

名前の由来は、化石の鼻の上に特徴的な細い溝が観察されたことで、中国語で縞《しま》模様の尾根を意味する「バンジ（斑嵴）」と名付けられ、これがそのまま属名になった。種小名の「ロング」はもちろん、中国語の「龍（long）」をラテン語式に読んだものだ。

見つかったのは65ミリほどの頭部の化石だった。生まれてすぐという時期は過ぎた、幼体だったとみられるが、いずれにしても小柄な恐竜だったことは間違いない。バンジはオヴィラプトルの仲間のなかでは比較的原始的な特徴を持ち、頭部の特徴から他の種と区別された。

徐らの論文では、化石が見つかった経緯について、身元を公開していないアマチュアの化石収集家からもたらされたと書かれている。中国の常識から考えると、おそらく化石ハンターによる盗掘・転売品だったかと思われる。

【ガンジョウサウルス・ナンカンゲンシス（*Ganzhousaurus nankangensis*：南康贛州龍）**】**

【ジアングシサウルス・ガンジョウエンシス（*Jiangxisaurus ganzhouensis*：贛州江西龍）**】**

【ナンカンギア・ジアングシエンシス（*Nankangia jiangxiensis*：江西南康龍）**】**

ガンジョウサウルス、ジアングシサウルス、ナンカンギア……と、カタカナ（ラテン語）の属名だけを見るとまったく違う恐竜に見えるが、中国語名を見比べてほしい。

この3種の属名と種小名は、化石が見つかった省名の「江西」、市名の「贛州」、区名の「南康《なんこう》」をパズルのように組み合わせただけなのである。

もちろん、いずれもオヴィラプトロサウルス類であり、すべて2013年に報告されている。論文の筆頭執筆者は、ジアングシサウルスが中国地質科学院地質研究所の魏雪芳《ウェイシュエファン》、ガンジョウサウルスが中国科学院古脊椎動物・古人類研究所のShuo Wang、ナンカンギアが中国地質科学院地質研究所の呂君昌となっている。

ナンカンギアを報告した呂君昌は、ほかにも2015年に**ファナンサウルス**（後述）、2016年に**トンティアンロン・リモースス**（*Tongtianlong limosus*：泥潭通天龍。日本語では「トングチアンロング」という表記もあり）、2017年に**コリトラプトル**（後述）などのオヴィラプトロサウルス類についても報告をおこなっている。

【ファナンサウルス・ガンジョウエンシス（*Huanansaurus ganzhouensis*：贛州華南龍）**】**

ファナンサウルスは全長3メートルほどのオヴィラプトルの仲間である。中国のマイナーな恐竜にはめずらしく、ファナンサウルスについては、日本語で簡潔に書かれた、学術的にも正確な説明が存在している。それは北海道大学総合博物館准教授（当時）の小林快次らが2015年に発表したプレスリリース「中国で新しいオヴィラプトル科恐竜の発見：アジア恐竜の古地理学における意義」だ。

こちらによると、中国南部は世界で最もオヴィラプトルの仲間が多様化して繁栄していた地域らしい。いずれも白亜紀末の地層から、江西省においてバンジとガンジョウサウルスとジアングシサウルスとナンカンギア、ファナンサウルス（このプレスリリース発表よりも後にはトンティアンロンやコリトラプトルも見つかっている）、さらに隣接する広東省河源《かげん》市（136ページ参照）からも2属のオヴィラプトルの仲間の化石が出ているのだ。

これら恐竜たちは、それぞれ下顎《かがく》の形に違いがあったことが判明している。地理的に狭い範囲に、同じオヴィラプトルの仲間だが異なる属の恐竜たちが分布していたのは、食性が違ったことで棲《す》み分けが可能だったためだろうと思われた。

ファナンサウルスについては、バンジなどこれまでに周囲で見つかった他の仲間のどの属とも近縁ではなく、むしろ北に約3000キロ離れたモンゴルのゴビ砂漠で見つかったシチパチ（キチパチ）に近かったという。

【コリトラプトル・ジェイコブシ（*Corythoraptor jacobsi*：傑氏冠盗龍）**】**

全長1・5メートルほどの小さな恐竜で、ほぼ全身の骨の化石が発見された。系統的にはファナンサウルスと近い仲間で、見つかったのは骨の成長が終わりつつある亜成体だった。コリトラプトルの最大の特徴は頭にある大きなトサカであり、その外見も内部構造も現代の世界にいるヒクイドリとよく似ていたという。

コリトラプトル。種小名の中国名「傑氏」を「雅氏」と表記する現地の記事もある。

中国南部のオヴィラプトル科恐竜の考察を進めた小林快次らのプレスリリースによると、このトサカの役割は①温度調節（トサカを使った放熱）、②防御や採餌《さいじ》（敵に襲われたときや獲物を襲うときに出る音を共振・増幅させる）、③繁殖（繁殖期の鳴き声を増幅させる、もしくはトサカそれ自体を求愛のシンボルにする）などが考えられるそうだ。

恐竜（非鳥類型恐竜）であるコリトラプトルと、鳥類のヒクイドリの身体に似たような器官が生じたのは、収斂《しゅうれん》進化（異なるグループの生物が外見上はよく似た姿に進化すること）の結果である。

北海道大学とも関係あり!?

ところで、なぜ中国人研究者の呂君昌が報告したファナンサウルスとコリトラプトルについて、北海道大学がプレスリリースを出しているのか。理由は、北海道大学総合博物館の小林快次が、かつて呂君昌と同時期にサザンメソジスト大学に留学しており、ファナンサウルスとコリトラプトルについては論文の共著者として名を連ねていたためだ。

なかでもコリトラプトルについては、呂君昌と小林（さらに同じく両論文の共著者でソウル大学校教授のイ・ヨンナム［Yuong-Nam Lee］）のサザンメソジスト大学での恩師であるルイス・ジェイコブス（Louis Jacobs）にちなんで、種小名の「ジェイコブシ」が名付けられた。日中韓の3人の留学仲間の共同研究の成果にふさわしい命名というわけだ。

贛州市の付近で化石が見つかった恐竜たちについては、「贛州恐竜群」という総称がつけられている。

重い政治問題と続々と見つかる化石と。新疆ウイグル自治区の恐竜
【グアンロン　ハミティタン】

中国西北部に位置する新疆ウイグル自治区は、中国の国土面積の6分の1を占める広大な地域だ。かつて漢文史料で「西域《せいいき》」と呼ばれたシルクロードの地であり、砂漠の面積だけでも日本の国土面積に匹敵する。区都のウルムチ市はユーラシア大陸の最奥地に位置する「世界で最も海から遠い都市」としても有名だ。

新疆はもともと、ウイグル族をはじめとしたイスラム教を信仰するテュルク系の民族が多く暮らす土地だったが、近年は漢民族の大量入植と、少数民族に対する中国政府の同化政策が進められており、深刻なジェノサイドが起きている。

いっぽう、新疆は近年まで毎年のGDP成長率が10％を上回り続けるなど、順調な経済発展でも知られる。それを下支えするのが、石油や天然ガスなどの豊富な地下資源だ。新疆の地下資源は、中華人民共和国の建国以前から関心を持たれており、20世紀の初頭から地質調査がおこなわれてきた。

当然、古い地層には化石もたくさん眠っている。新疆の場合、特にジュラ紀後期と白亜紀

前期の恐竜の化石が数多く見つかってきた。

新疆の発見ラッシュ

新疆で最初に見つかった恐竜の化石は、1927年の中国スウェーデン西北科学考査団（153ページ参照）に参加していた中国人地質学者の袁復礼《ユエンフウリイ》が発見した竜脚類、**ティエンシャノサウルス・チタイエンシス**（*Tienshanosaurus chitaiensis*：奇台天山龍）だ。

さらに1963年には新疆石油管理局科学研究所地層古生物考察隊が、恐竜ではなく翼竜ながら、**ズンガリプテルス・ウェイイ**（218ページ参照）の化石を見つけている（論文報告は翌年）。ズンガリプテルスは中国で最初に見つかった翼竜であるうえ、ユーモラスな音感の名前とその語感にふさわしい奇妙な形の頭骨を持つ生き物だったことから、現在でも中国の恐竜時代を象徴する古生物のひとつとして高い知名度と人気をほこっている。

その後、文化大革命によって発掘と研究が中断されたものの、新疆では古生物の化石が見つかり続けた。やがて1990年代末に中国東北部（旧満洲）で羽毛を持つ小型獣脚類の化石が見つかり、世界の恐竜研究に新風を吹き込んだことで、他の地方でも調査や発掘が盛んになる。新疆もその例外ではなく、現在まで恐竜化石の発掘ラッシュが続いている。

高い知名度を誇るティラノサウルスの仲間の祖先

新疆で化石が見つかった恐竜のなかでも、日本でも知名度が高いのは**グアンロン・ウーカイ**（*Guanlong wucaii*：五彩冠龍）だろう。派手なトサカを持っていたジュラ紀後期の全長３メートルほどの獣脚類で、原始的なティラノサウルスの仲間として知られている。グアンロンの化石が見つかったのはウルムチ市の北東約１５０キロの場所にある、昌吉回族《しょうきつかいぞく》自治州ジムサル県五彩《ごさい》湾の石樹溝《せきじゅこう》層という地層だ。

近年、石樹溝層からは他にも多くの恐竜の化石が見つかっている。なかでも小型の獣脚類の**ハプロケイルス・ソレルルス**（*Haplocheirus sollers*：霊巧簡手龍）や**リムサウルス・イネクストリカビリス**（*Limusaurus inextricabilis*：難逃泥潭龍）、アロサウルスの仲間である**シンラプトル・ドンギ**（*Sinraptor dongi*：董氏中華盗龍）など、獣脚類の化石の発見例が豊富だ。

また、剣竜の仲間の**ジャンジュノサウルス・ジュンガレンシス**（*Jiangjunosaurus junggarensis*：準噶爾将軍龍）、原始的な角竜の仲間である**インロン・ドウンシ**（*Yinlong downsi*：当氏隠龍）、さらに**クラメリサウルス・ゴビエンシス**（*Klamelisaurus gobiensis*：戈壁克拉美麗龍）をはじめとした数種類の竜脚類、翼竜の**セリシプテルス・ウーカイワネンシス**（*Sericipterus wucaiwanensis*：五彩湾絲綢翼龍）などの化石も見つかっている。多くは今世紀に入ってからの発見だ。

ハミ市でみつかる竜脚類たち

さらに最近では、東部のハミ市（クムル市）の白亜紀の地層から3体の恐竜の化石が見つかっている。いずれもティタノサウルス形類の竜脚類で、うち2体については、それぞれ新種として報告された。すなわち、エウヘロプス科の新種である**シルティタン・シネンシス**（*Silutitan sinensis*：中国絲路巨龍）と、ティタノサウルス類の新種である**ハミティタン・シンジャンゲンシス**（*Hamititan xinjiangensis*：新疆哈密巨龍）だ。

上海の大手ウェブニュースメディア『澎湃新聞《ポンバイシンウエン》』などによると、化石が見つかったのは「ハミ翼竜動物群」として知られる翼竜化石の多い地層だ。かつて、白亜紀のこの地域には湖が広がっており、そこに大嵐がきて大量の翼竜が死亡、息絶えて間もない多数の遺体がすぐに泥に埋もれたことで、保存状態のいい翼竜化石が多く残されたとみられている。

20メートルを超える竜脚類の化石も発見

シルティタンとハミティタンほか1体の竜脚類は、ハミ翼竜動物群からはじめて発見された翼竜以外の脊椎動物の化石だった。3体はそれぞれ2～5キロほど離れた場所で見つかったという。

グアンロン。中国語名「冠龍」の由来は、頭部にある不思議なトサカである。

インロン。ジュラ紀中期から角竜の仲間の化石が見つかる例はとてもめずらしい。

シルティタンの化石は第10～15番の頸椎と軽肋骨6つで、それだけで長さは3メートルにおよんだ。これは以前に山東省で見つかったエウヘロプスの化石の2倍近い長さであり、ゆえにシルティタンの体長は20メートル以上はあったと推測されている。

いっぽうハミティタンについては、第4～10番の尾椎が見つかった。個々の尾椎の長さは210～320ミリほどで、モンゴルで見つかったオピストコエリカウディアという近縁な竜脚類の尾椎化石と比べて、やはり1・5倍ほど大きかった。ゆえにハミティタンの体長も、おそらく17メートルを超えていたとみられている。

ハミティタンの化石のすぐ近くからは、獣脚類の歯の化石が1本だけ見つかった。ただ、ハミティタンの化石それ自体に、嚙《か》まれた形跡はみられなかったようだ。遺体がスカベンジャー（屍肉食《しにくしょく》）の習性を持つ獣脚類に食べられてから化石になった可能性もあるが、いまのところはよくわかっていない。

新疆はかつて、西遊記やシルクロードの幻想的なイメージが強かった地域だが、残念ながら近年はウイグル族の人権問題のニュースによってすべてが塗り替えられてしまった。「新疆」という単語に、複雑な思いを抱く日本人も多いだろう。

ただ、こと恐竜についてだけは、西側の視点でも無邪気にワクワクできるという貴重な話題である。今後のさらなる新発見を期待していきたい。

コラム４　台湾と香港で恐竜の化石は見つかるか？

独立運動の発生や少数民族問題など、中国で大きな騒乱が起きるのはたいてい周縁の地域である。中国は非常に大きな国であるため、中央から遠く離れていくほど、その土地や人々が「中国」という枠組みに包摂されるかがアヤフヤになってしまうのだ。すなわち、内陸部では新疆・内モンゴル・チベット、沿海部では香港やマカオ、さらに台湾などがこうした周縁地域に相当する。

前者の３地域は中華人民共和国の「自治区」という位置づけだが、実質的には他の省と同じく北京の中央政府の直轄支配下にある。対して沿海部の香港とマカオは一定の自治が認められた特別行政区という扱いだ。さらに台湾は「中華民国」という国名を名乗っており、実質的には中華人民共和国とは別の主権国家である（北京の共産党政権は台湾の領有を主張しているが）。基本的には沿海部ほど、北京の政治支配が脆弱《ぜいじゃく》になっていく図式がある。

こうした中国周縁地域の内陸部と沿海部の違いは、なんと恐竜化石の世界でも同様だ。もっともこちらは政治的な理由ではなく、純粋に地質学的な要因によるものである。

恐竜化石の「不毛の地」

新疆と内モンゴルは、広大な砂漠や草原から多数の中生代の生物の化石が出ることで知られている。本書でも新疆の**グアンロン**や**ズンガリプテルス**（翼竜）、内モンゴルの**ギガントラプトル**をはじめ、さまざまな恐竜を紹介してきた。いずれも中国全体から見れば開発が相対的に遅れた地域だが、恐竜の発掘にかけては最先端の場所である。

またチベットでも、東部のチャムド市付近のダマラ（なんと標高が4200メートルだ）で1970年代から恐竜の化石が多く見つかっている。また、魚竜の仲間の化石も見つかっている（171ページ参照）。

対して、恐竜化石の「不毛の地」なのが沿海部の香港・マカオ・台湾の3地域だ。マカオの場合は面積が東京都板橋《いたばし》区と同程度しかなく、しかも埋立地が多くを占めているので、化石が見つからないのは仕方ない部分もある。

だが、台湾は九州とほぼ同じ大きさで、香港も東京都の半分くらいの面積はある。では、これらの地域で恐竜の化石が見つかる可能性はまったくないのだろうか？

恐竜がいない島、台湾

まず、台湾からみていきたい。

台湾本島はかなり大きな島だが、地層は新生代第四紀のものが大部分——。すなわち、私たちが生きている現代とかなり近い地質年代の地層が広がっているため、恐竜の化石が見つかることは期待しにくいとされている。

近年の台湾の化石にまつわるニュースでは、２０１５年１月に報じられた、台湾島と澎湖《ほうこ》諸島の間の海域で漁網に引っかかった19万～１万年前の原人（澎湖原人）の顎《あご》の化石が注目されている。また、２０１５年５月には中部の台中市で、子どもを抱いた状態でミイラ化した人間の母子の遺体が発見されて話題になったが、こちらは約４８００年前のものだ。

台湾は恐竜学よりも人類学の島だと考えたほうがいいだろう。

とはいえ、台湾（中華民国）の地理的な領域は私たち日本人が想像するよりも広範囲である。中華民国は１９４９年の国共内戦に敗北したことで台北《タイペイ》に臨時首都を移し、その国家が政治的な民主化を経て現在まで存続しているのだが、実は国共内戦末期の軍事的かけひきの結果として、中国大陸側にもわずかに実効支配地域を残している。

すなわち、福建省《ふっけん》の廈門《アモイ》沖に浮かぶ金門島《きんもんとう》と、福州《ふくしゅう》沖に浮かぶ馬祖島《ばそとう》を中心とする島嶼《とうしょ》部だ。これらの島の行政区画は「中華民国福建省」であり、台湾本島と200キロ以上の距離があるため、地理的には完全に断絶している。いっぽう、中国大陸とは数キロ〜十数キロしか離れていない。

特に金門島の場合、数キロの海峡を挟んだ大陸側の廈門市付近にはジュラ紀の地層があり、植物の化石程度なら見つかっているらしい。「台湾」で恐竜の化石が見つかる可能性がすこしでもある場所は、大陸側と地質的に連続している金門島かもしれない。もっとも、花崗岩《かこうがん》が多い島なので過度な期待はできないが。今後の研究や発掘に期待したいところである。

香港にも自然豊かなエリアがある

いっぽうで香港の場合、現時点まではその領域内で恐竜の化石が見つかっていないものの、台湾と比べるとかなり有望である。

2005年6月8日付けの現地大手紙『蘋果日報《アップルデイリー》』（現在は廃刊）が掲載した香港の古生物学界の重鎮・李作明《レイジョクメン》へのインタビューによると、香港郊外の新界《しんかい》地域には白亜紀のレッドベッド（鉄を含有する赤い地層）が広がっているという。

香港は近未来的なビル街が広がっているイメージが強いが、これは主に香港島の北部や九龍《きゅうりゅう》半島の先端部の光景だ。いずれも19世紀なかばにイギリスに割譲された、都市としての歴史が長い土地である。

対して１８９８年にイギリスが99年期限で租借したのが、九龍半島先端部の後背地にあたる新界地域だ。この地域は、１９７０年代にニュータウン開発がおこなわれるまでほとんど手つかずの状態で放置されており、現在も鉄道駅の付近を除けば、まだまだ豊かな自然が残っている。東京でいえば多摩《たま》地域に相当する土地だ。

１９８０年に香港領域内でデボン紀の魚類の化石を発見した経歴を持つ李作明は、25年前から新界で恐竜化石の調査を続けていると、『蘋果日報』の記事中で語っている。彼は２０１９年10月に85歳で亡くなったが、生涯にわたり期待を持ち続けたのには、それだけの根拠があった。

「最果ての小島」を狙え！

香港の域内で白亜紀の地層が広がっているのは、新界東北部の西貢《さいこう》半島付近にある赤《せき》洲《しゅう》、大鵬《だいほう》湾に浮かぶ石牛洲《せきぎゅうしゅう》や吉澳洲《きつおうしゅう》、深圳とのイミグレーションに近い沙《さ》頭角《とうかく》付近の鴨《おう》洲《しゅう》や細鴨洲《さいおうしゅう》などだ。「洲」とは島のことであり、上記の土地はいずれもほとんど人が住んでいない小島ばかりである。

香港と地理的に近い広東省では、類似のレッドベッドの地層から中生代の生物の化石が数多く見つかっている。なにより注目は、135ページで紹介した広東省深圳市の坪《へい》山《ざん》区で、近年になり恐竜のタマゴの化石が見つかっていることだ。坪山区は、香港側の「恐竜化石発見候補地」と目されている島々とは十数キロしか離れておらず、行政区画が異なるだけで地理的にはほぼ同一の地域である。

さらに朗報もある。2015年に新界の西貢半島にある茘枝荘《れいしそう》で、パラリコプテラ(*Paralycoptera*:副狼鰭魚)という1億4700万年前のジュラ紀後期の淡水魚の化石が、香港大学地球科学学部の学生によって発見されているのだ。こちらは香港の領域内ではじめて見つかった中生代の脊椎動物の化石だったという。魚類が見つかるならば、恐竜や魚竜・首長竜などの化石が見つかる可能性は充分にあり得る。

最近、香港は政治的にキナ臭い話題が多いのだが、新界には浮世の憂さを忘れさせるような広大な自然が広がっている。

恐竜化石「不毛の地」における初の化石発見のニュースが、現地の世相をすこし明るくしてくれることを期待したい。

第5章　中生代中国の「海と空」の生き物たち

——中国では翼竜や首長竜の化石も見つかる

中生代の中国の空を舞った生き物たち【ズンガリプテルス　ダルウィノプテルス】

中生代の地球の空を飛んでいた動物は、鳥類のほかに「翼竜」と呼ばれる爬虫類《はちゅうるい》だった。翼竜は恐竜と近縁な生物だが、恐竜ではない。三畳紀に恐竜と共通の祖先から分かれたとみられ、脊椎《せきつい》動物としてはおそらく史上初めて空を飛んだ。だが、白亜紀末に恐竜とともに絶滅した。

中国において、翼竜の化石がはじめて見つかったのは1935年、山東省臨沂《りんぎ》市蒙陰《もういん》県でのことだ。もっともこの化石は、中国古生物研究の泰斗・楊鍾健《ヤンヂヨンジエン》（コラム2参照）が本当に翼竜なのかと疑義を呈するほどに断片的なものだった。

しかし、やがて1963年に**ズンガリプテルス**の化石が見つかる。その後は多数の翼竜化石が発見されるようになった。

主な発見地は、遼寧省から内モンゴルにかけて広がる熱河《ねっか》層群や、四川省東部の自貢《じこう》一帯のほか、新疆ウイグル自治区の北部、甘粛省、山東省、浙江省などである。いまや中国で見つかった翼竜の種類は、世界最多に近いレベルとなっている。

中国の翼竜のうちで、特に興味深い2属について、その発見史や研究史を詳しく追ってみ

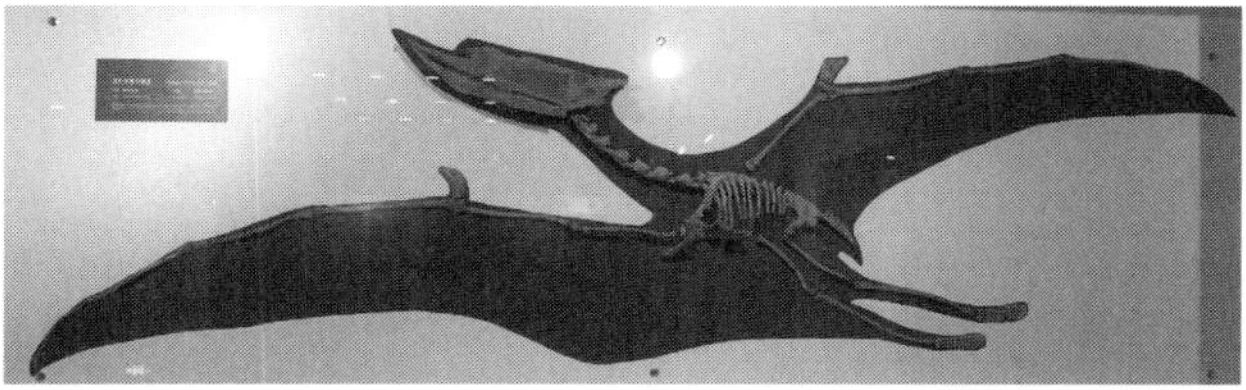

ズンガリプテルスの化石のレプリカ。中国地質博物館にて筆者撮影。

ることにしよう。

油田の土地から見つかったユニーク翼竜

1億年あまり昔、白亜紀前期の空を飛んでいたズンガリプテルスは、翼開長（翼を広げた状態の大きさ）が3～5メートル。これはプテラノドンの半分くらいの大きさとはいえ、現代の世界では翼開長が最も大きいコンドルやワタリアホウドリよりもひとまわり以上は大きい。かなり巨大な飛行生物だったと考えていいだろう。

中国の古生物発掘史上でも比較的早期に化石が見つかったことに加えて、口元がしゃくれた独特の顔つきやユニークな語感の名前を持つことから、ズンガリプテルスは比較的知名度が高い翼竜である。口の先端部分は歯がなかったが、奥には頑丈な歯が生えており、その特徴からおそらく殻を持つ甲殻類や貝などの無脊椎動物を食べていたとみられている。

ズンガリプテルスは中国で初めて、頭骨も含めた化石が見つかった翼竜でもある。発見地は新疆ウイグル族自治区北部のカラマイ市郊外にあるウルホ区。カラマイは中国最大級の油田を擁しており、近年は市の1人当たりGDPが中国全土でトップクラスの金持ち都市としても知られる街だ。

ズンガリプテルスが見つかった経緯も、やはり資源がらみだった。

文化大革命前夜の1963年7月、古生物調査と原油探しをおこなっていた新疆石油管理局科学研究所の魏景明《ウエイジンミン》率いる地層古生物考察隊が、砂嵐の吹き荒れる現地の地層のなかから、2かけらの薄い骨を発見したのである。

魏景明は当初の時点では、この化石が翼竜のものであるかには懐疑的で、年代もそれほど古くはないだろうと考えた。だが、付近でさらに発掘をおこなったところ、頭部の頬骨《きょうこつ》や下《か》顎《がく》の骨が見つかった。これは明らかに翼竜だろうということで、化石は北京の中国科学院の楊鍾健のもとに送られた。

楊鍾健はこの化石を研究し、1964年のうちに論文を発表。発見地のジュンガル盆地と発見者の魏景明の名前を取って**ズンガリプテルス・ウェイイ**（*Dsungaripterus weii*：魏氏準噶爾翼龍）と名付けた。

ちなみに「ジュンガル（ズンガル）」の地名は、17〜18世紀に巨大な遊牧帝国を建設していたモンゴル系部族のジュンガル部に由来する。強力な騎馬戦士の武力を背景とする遊牧民の勢力は、紀元前のスキタイや匈奴《きょうど》の時代からユーラシア大陸の内陸部を席巻し続けたが、近代以降は兵器や戦術の変化によって徐々に時代から取り残された。現在でいう新疆に割拠していたジュンガル帝国は、世界史における最後の遊牧帝国だったと言われている。

伝言ゲームのような表記

新疆は１９５０年代まで、中国の中央政権による支配が確立しなかった地域である。そのため「ジュンガル」のアルファベットの綴《つづ》りも、「Dzungar」「Dzunghar」のほか、「Zunghar」や「Junggar」、さらに中国語のピンイン表記の「Zhungeʼer」などが混在しており、近年まで表記が安定せず研究者泣かせであった。

これはズンガリプテルスの学名も同様であり、命名者の楊鍾健はなんと「Dsungar」という、上記のいずれでもないドイツ語表記にもとづいた綴りを採用している。どうやら、「ジュンガル」を示すモンゴル語のオイラト方言音をロシア語で表記したものを、さらにドイツ語で書き……という、伝言ゲームさながらの経緯で生まれた表記らしい。

戦前、ドイツやスウェーデンなどのゲルマン系諸国の探検家たちは、中央アジアでの調査活動を盛んにおこなった。中国の古生物学がまだ黎明《れいめい》期だった時期に発見されたズンガリプテルスの学名も、それらの影響を受けたのだろう。命名者の楊鍾健はドイツ留学歴があるので、ゲルマン系の文献に当たりながら論文を書いたことも関係していそうだ。

ズンガリプテルスは中国ではありふれた翼竜であり、他に山東省の蒙陰県や内モンゴルでも化石が見つかっている。

２００７年には日本の岐阜県高山《たかやま》市の手取《てとり》層群からも、約1億２０００万年前のズンガリプテルスの仲間とみられる翼竜の子どもの化石が発見された。

口先がしゃくれたユニークな顔を持つ翼竜の仲間たちは、かつてかなり広い範囲に分布し、東アジアの空を支配していたのであった。

夭逝博士が残した「ダーウィンの翼」

近年の中国の恐竜研究に関しては、悲報がひとつある。２０１８年10月9日、中国地質科学院地質研究所研究員でアジア恐竜協会副事務局長だった呂 君 昌《リュイジュンチャン》（Lü Junchang）が、糖尿病のため53歳で急逝したのだ。

呂君昌は中国恐竜学の大家である董枝明《ドンヂーミン》（Dong Zhiming）の弟子にあたり、日本の北海道大学総合博物館教授の小林快次とも親交が深い研究者だ（１８２ページなどを参照）。江西省贛州《かんしゅう》市の**ナンカンギア**や**フアナンサウルス**、広東省河源《かげん》市の**ヘユアンニア・フアンギ**（*Heyuannia huangi*：黄氏河源龍）を報告するなどオヴィラプトロサウルス類の恐竜研究で多くの業績を残したいっぽう、それ以上に中国の翼竜研究の第一人者として広く名を知られて

ダルウィノプテルス。身体は小さいが、翼竜研究史上では非常に重要な意義を持つ。

いた。

彼の大きな発見のひとつが、２００９年に新種として報告をおこなった**ダルウィノプテルス・モデュラリス**（*Darwinopterus modularis*：模塊達爾文翼龍）だ。遼寧省西部で約１億６０００万年前（ジュラ紀中期）の地層から化石が発見された、カラスほどの大きさの翼竜である。

ダルウィノプテルスは、進化論の提唱者であるチャールズ・ダーウィンの生誕２００周年と著作の『種の起源』出版１５０周年を記念して命名された。

名前の由来が非常にカッコいいこともあってか、映画『ジュラシック・ワールド』をモチーフにアメリカのゲーム会社Jam Cityが配信しているゲーム『Jurassic World：ザ・ゲーム』や『Jurassic World アライブ！』への登場も果たしている。

中国の恐竜や古生物には、諸葛孔明や蘇軾《そしょく》の名を冠したのに名前負けをしている情けない面々（182、64ページ参照）もいるが、ダルウィノプテルスは「ダーウィンの翼」という属名にふさわしく、翼竜研究において重要な意義を持った生き物だった。

ミッシングリンクを埋めた生き物

翼竜は大きく分けて、長い尾を持ち口に歯がある原始的な仲間と、尾が短く、長大な頭部を持っていたり歯が消失したりした種も多い派生的な仲間（プテロダクティルス類）の2種類に分かれる。

具体的にいえば、前者は三畳紀後期からジュラ紀後期にかけて繁栄し、ディモルフォドンやランフォリンクスなどが代表的である。復元図を見ると、翼を持ってはいるものの「爬虫類っぽさ」をまだ残している印象を与える翼竜たちだ。

いっぽうで後者のプテロダクティルス類はジュラ紀後期から白亜紀末期に繁栄し、プテロダクティルスやプテラノドン、ケツァルコアトルスなど、翼竜を代表するお馴染《なじ》みの面々はこちらに該当する。先のズンガリプテルスもこの仲間だ。

より飛行に適した姿を持つプテロダクティルス類は、前者の原始的な仲間のなかから進化したとみられてきた。だが、両者をつなぐ形態の翼竜はかつて発見されておらず、これは大きなミッシングリンクに――。すなわち、進化の過程で化石生物の存在が予測されるのにそれが発見されていない状態となっていた。

ところが、ダルウィノプテルスはこの進化の「欠けた輪」にピッタリとはまる生き物だった。

ダルウィノプテルスは、それ以前の時代の翼竜たちのように尾を持っていたが、その尾は短くなり始めていた。そして、頭骨はプテロダクティルス類のように外鼻孔と前眼窩窓《ぜんがんかそう》が一体化しており、飛行に適したスマートな形状へと進化を遂げていた。

また、首が長くなって頸肋骨《けいろっこつ》（頸椎から突き出た骨）がなくなり、歯の退化も始まっていた。翼の骨は長くなり、後ろ足の第５指も退化していた。

つまりダルウィノプテルスの化石からは、「飛ぶ」という翼竜の生態のうえで邪魔な部位（主に頭と首の余分な骨）がごっそりと減り、より飛行に適した形に身体が変わる過程にあることが如実に観察されたのだ。

全体的な見た目は、それ以前の翼竜に似ていたが、身体には次世代のプテロダクティルス類の特徴があらわれていた。まさに進化論を提唱したダーウィンの名にふさわしい生き物だったのだ。命名者の呂君昌がこめた思いが垣間見《かいまみ》える。

さらに、呂君昌は２０１１年、卵管のなかにタマゴが残った状態のメスのダルウィノプテルスの化石を報告している。この個体は性別が明らかになった最初の翼竜で「ミセスT」と呼ばれた。この「ミセスT」の頭にはトサカがなく、ダルウィノプテルスは雌雄で外見が違っていたのではないかという見立てもなされている。

呂君昌の論文によると、ダルウィノプテルスはズンガリプテルスの原始的な類型とみられるようだ。中生代の中国では陸上の恐竜のみならず、空を飛ぶ翼竜たちも非常にダイナミックだったのである。

首が短い「淡水に住む」首長竜【ビシャノプリオサウルス】

プレシオサウルスやエラスモサウルスに代表される首長竜類は、中生代に生息した水棲《すいせい》の爬虫類だ。竜脚類恐竜を連想させる長い首を持つものも多いが、分類学的には恐竜とは比較的遠い生き物であり、どちらかというとトカゲやヘビの仲間に近い。

とはいえ、首長竜はネッシーなどの水棲未確認生物のモデルとして広く知られている。大長編ドラえもんの映画『のび太の恐竜』や、景山民夫《かげやまたみお》の小説『遠い海から来たCOO《クー》』など各種の一般向けコンテンツにしばしば登場することもあり、日本では恐竜に次いで親しまれている中生代の古生物と言っていいだろう。

日本では一昔前まで、恐竜の化石があまり見つからなかった。対して、1968年に福島県で発見されたフタバサウルス（フタバスズキリュウ）や、北海道の穂別《ほべつ》地域で発見されたホベツアラキリュウのように、良好な状態の首長竜の化石が発見される例は多かった。このことも、日本で首長竜の人気が高い理由かもしれない（なお、ホベツアラキリュウの化石発見地の付近では、今世紀に入り鳥脚類のカムイサウルスの全身骨格の化石が見つかった）。

いっぽう、日本の隣国である中国において、首長竜の化石はそれほど多くは見つかっていない。もちろん発見例はあるが、中生代の中国大陸は陸地だった場所のほうが多いらしく、恐竜をはじめとした陸棲の生き物の化石のほうがよく見つかるのだ。

首が短い首長竜

だが、化石が少ないことは重要性が低いことを意味しない。そこで紹介するのが、中国の首長竜、**ビシャノプリオサウルス・ヨウンギ**（*Bishanopliosaurus youngi*：楊氏璧山上龍）だ。

実は首長竜は、長い首を持つおなじみの体型のプレシオサウルス類と、首が短いプリオサウルス類に大きく分けられる。

ビシャノプリオサウルスは、後者の「首が短いタイプの首長竜」である。なんだかややこしいが、これは日本語の訳語がすこし不適切だったことで生まれた問題なので仕方がない。

ちなみに中国語の場合、首長竜（*Plesiosauria*）の訳語は「蛇頸龍《シエヂンロン》」（ヘビの首を持つ龍）なので、この手の認識のズレは生じない。

師匠に捧げた名を持つ首長竜

ビシャノプリオサウルスの化石が見つかったのは、毛沢東の死からほどない時期である1978年1月だ。四川省江津《こうしん》地区璧山《へきざん》県（現在の重慶市璧山区）鳳凰《ほうおう》人民公社に所属する熊《シヨン》永祥《ヨンシャン》たちが、近隣の梓《し》桐《とう》人民公社にある団結炭鉱において、道路建設をおこなっていた際に奇妙な石塊を発見した。

熊永祥はこれが巨大な脊椎動物の化石らしいと気付き、四川省航空区域地質調査隊に手紙を書いて報告したところ、調査隊員の曽紹良《ツォンシャオリャン》が現場に派遣された。曽紹良は化石を仔細《しさい》に検討したうえで一部を持ち帰り、中国科学院古脊椎動物・古人類研究所に標本を送って鑑定を依頼する。

結果、当時はまだ若手の研究者だった董枝明が、これが中国で最初に見つかった良好な状態の首長竜化石であるとして、模式種としてビシャノプリオサウルスと命名。1980年に論文を発表した。なお種小名の「ヨウンギ」（楊氏）は、董枝明の師であり論文発表の前年に亡くなった楊鍾健に捧《ささ》げる意味で名付けられたものである。

プリオサウルス。この仲間は、日本人が「首長竜」という言葉から抱くイメージとはほど遠い姿をしていた。

推定4メートル

董枝明はビシャノプリオサウルスの全長を約4メートルと推定し、ジュラ紀前期に生息したとみなした（後年の研究では、おそらく幼い個体だったとみられている）。化石は頭骨が失われ、頸椎も7つしか見つからず、失われた部位も多かったのだが、胴体部分や尾についての保存状況は比較的良好だった。

ビシャノプリオサウルスの頸椎は横に短く縦に高い形をしており、おそらくプリオサウルス類（首の短い首長竜）であるとみられた。また董枝明は、ビシャノプリオサウルスの肩帯や腰帯の様子は、イギリスのジュラ紀前期の地層から見つかったロマレオサウルスというプリオサウルス類にたいへんよく似ていると考えた。

また、ビシャノプリオサウルスが見つかったのと同じ年代の四川省の地層からは、1942年に師の楊鍾健が報告したプリオサウルス類の首長竜である**シノプリオサウルス・ウェイユアネンシス**（*Sinopliosaurus weiyuanensis*：威遠中国上龍）や、水棲生活に適応したワニの仲間であるテレオサウルス科の化石が出ている。

ゆえに董枝明は論文の末尾で、ジュラ紀の四川盆地付近には海溝があったか、もしくは海と接続する巨大な河川が流れていて海棲の爬虫類が海から遡上《そじょう》していたのではないかとする推論を記した。

日本人研究者、ビシャノプリオサウルスを論じる

だが、文化大革命の終結からほどない中国古生物研究の復興期に発表された論文は、当初あまり注目を集めなかった。ビシャノプリオサウルスは、中国では恐竜よりもマイナーな生物である首長竜であることもあって、それほど世間で話題になることもなかった。

だが、今世紀に入りビシャノプリオサウルスに再び光が当たる。しかも、きっかけを作ったのは日本人研究者だった。

現在は首長竜研究の大家として知られる佐藤《さとう》たまき（神奈川大学理学部理学科教授）が、カナダのカルガリー大学大学院の博士課程に在学中だった2003年、中国人研究者の李淳《リィチュン》と

呉肖春《ウウシャオチュン》とともに、ビシャノプリオサウルス・ヨウンギの再研究をテーマとする論文を発表したのだ。

この論文では、ビシャノプリオサウルスの骨格について再検討がなされ、特に腰周辺の部分について復元の見直しがおこなわれた。また、ビシャノプリオサウルスと他の首長竜との系統関係に不明点が多く、必ずしもロマレオサウルスに近いとは限らないことを確認しつつ、おそらくプリオサウルス類には含まれるとする指摘がなされた。

最も興味深いのは、化石が見つかった地層に熱帯淡水域の動植物の化石の堆積《たいせき》が見られることを根拠として、ビシャノプリオサウルスが淡水域に生息していた首長竜であることをより詳しく論じた点だ。現在では、首長竜類は海だけではなく、大きな河や湖などの淡水域にも生息していたことが判明している。

「川首長竜」はいたか？

現代の自然環境においても、バイカルアザラシやアマゾンカワイルカのように、一生を淡水域で暮らす水棲哺乳類《ほにゅう》が存在する。また、間違えて遡上する例まで挙げれば、イルカやアザラシが川に入ってくることはそれほど珍しくない。最近でも、２０２３年1月に大阪市の淀川《よどがわ》河口に体長16メートルのマッコウクジラが迷い込んだこと（のち死亡）がある。

かつてのビシャノプリオサウルスが、たまたま河川に迷い込んだ個体にすぎなかったのか、誕生から死ぬまで淡水域で暮らす種だったのかはまだはっきりしない。だが、後者である可能性は充分にある。

その後の研究で、淡水域で生きていた可能性がある首長竜は、イギリスやカナダ、オーストラリアなどでも見つかっているようだ。中国においても、１９８５年に報告された**ユジョウプリオサウルス・チェンジャンゲンシス**（*Yuzhoupliosaurus chengjiangensis*：澄江渝州上龍）というプリオサウルス類の首長竜が、淡水で暮らしていたのではないかとみられている。

恐竜時代の生き物のなかでも、首長竜はその特異な体型もあって私たち現代人のロマンをかきたてやすい生き物だ（プリオサウルス類は首が短いことが多いのだが）。そんな彼らが海から遠く離れた湖や川の中上流域にもいたかもしれないと想像すると、やはりワクワクしてしまう。

魚竜の起源か？　三畳紀前期の謎多き生き物

【フーペイスクス　ナンチャンゴサウルス】

すでに首長竜を紹介したので、次に中生代の海のもうひとつの主役、魚竜とそれに近縁な水棲爬虫類・フーペイスクス類についても書こう。そこで取り上げたいのが、**フーペイスクス・ナンチュアンゲンシス**（*Hupehsuchus nanchangensis*：南漳湖北鰐）とその仲間たちだ。

フーペイスクスは約２億４７００万年前、三畳紀前期に生息していた体長１メートルほどの生物である。

彼らは尖《とが》った頭と、あと一歩で完全なヒレ形に進化しそうな四肢を持ち、ワニと魚竜の中間のような外見をしていた。水中生活にかなり適応した姿であり、おそらく陸上ではタマゴを生まず、胎生だったと思われる。

付近の農民、変な化石を見つける

フーペイスクスの仲間の化石が最初に見つかったのは、中華人民共和国の建国からほどない１９５０年代である。湖北省地質科学研究院のホームページの記事によると、同省の南漳《なんしょう》県と遠安《えんあん》県の境界地帯の山のなかにある「大冶《だいち》石灰岩」と称される石灰岩のなかから、付近の村民と地質調査隊員が多数の脊椎動物の化石を発見したという。

このとき見つかった化石は、細長い頭部に歯のない口、長い頸《くび》、縦に高く伸びた背骨を持つうえ、背中は骨盤で覆われているという奇妙極まりないものだった。

なお、これと近縁な**ナンチャンゴサウルス・スニ**（*Nanchangosaurus suni*：孫氏南漳龍）

も、フーペイスクスと近い時期に近い場所（南漳県巡検区涼水泉郷古井陰坡）で化石が見つかっている。

こちらは地元の農民である陶仲英《タオヂョンイン》が、家の修理のために石を探していたときに見つけたという。１９５６年に湖北省地質局から調査隊が派遣され、化石は博物館に送られた。

ワニの仲間か、魚竜の仲間か

そして、１９５９年にナンチャンゴサウルスが、１９７２年に楊鍾健によってフーペイスクスが新種として報告された。

当時は中国の古生物学の黎明期で、しかも恐竜ではない謎の巨大爬虫類の研究は充分に進まなかったのだが、両者は形態の相似から同じフーペイスクス亜目とされ、主竜類の一種とみなされた。その後、１９９０年代に董枝明らが再研究をおこなった。

ワニを意味する「スクス」というラテン語の学名や、中国語の漢字名に「鰐」の字があることからもわかるように、フーペイスクスは当初は水中生活に適応したワニ（主竜類）に近い生き物だとみられた。ただ、彼らが系統的に魚竜とワニのいずれに近いのかは、その後ながらく議論が錯綜《さくそう》した。

ウタツサウルス。日本の東北地方や北海道では、こうした水棲爬虫類の化石が比較的多く見つかる。

日本のウタツサウルスともやや近い？

やがて２０１４年になり、同じ湖北省からフーペイスクスの仲間の新種が２種見つかった。すなわち**パラフーペイスクス・ロングス**（*Parahupehsuchus longus*：長形似湖北鰐）と、**エオフーペイスクス・ブレヴィコリス**（*Eohupehsuchus brevicollis*：短脖始湖北鰐）だ。

フーペイスクスの仲間は長い頸が特徴で、９～10個の頸椎を持つのだが、エオフーペイスクスの頸椎は６つで、この仲間としては頸が短いという特徴があった。こうした新たな化石の発見とともに、フーペイスクスについての研究は２０１０年代なかば以降に一気に進むことになった。

近年の研究では、フーペイスクス類は魚竜に近縁な……というより、魚竜の祖先から枝分かれした生き物であったとみられている。すなわち、魚竜とこれに近い原始的な形態の生物（日本の宮城県歌《うた》津町《つちょう》［現、南三陸町《みなみさんりくちょう》］で見つかったウタツサウルスなど）が含まれる魚竜上目と、姉妹関係にあるようなグループだったようだ。近年は魚竜や魚竜上目とフーペイスクス類を合わせて、魚竜形類という分類が使われるようにもなっている。

魚竜の祖先

近年はこうした水棲爬虫類の研究が熱い。いまやフーペイスクス目はもちろん、魚竜上目には含まれない別の姉妹グループで、2014年に中国安徽《あんき》省巣湖《そうこ》で化石が見つかった、三畳紀前期の水陸両棲の爬虫類**カルトリンクス・レンティカルプス**（*Cartorhynchus lenticarpus*：柔腕短吻龍）の仲間などが、在米日本人研究者の藻谷亮介《もたにりようすけ》をはじめ世界中の研究者から高い注目を受けている。

イクチオサウルスに代表される魚竜は、非常に高度に水中生活に適応してイルカやサメとそっくりな姿へと収斂《しゆうれん》進化を遂げた爬虫類だ。その起源を考えるうえで、フーペイスクスやカルトリンクスなどの中国で見つかった三畳紀の水棲爬虫類は、非常に重要な意味を持っている。

ちなみに、中国メディアの報道によると、フーペイスクスやナンチャンゴサウルスの化石が見つかった南漳県の一帯は盗掘が非常に多かったらしく、過去には少なからぬ貴重な化石が失われてきたという。

2012年には、湖北省地質科学研究所によって化石が出る一帯が保護区に指定された。

この仲間についてのその後の研究の進展は、環境の整備に負うところも大きかったのかもしれない。

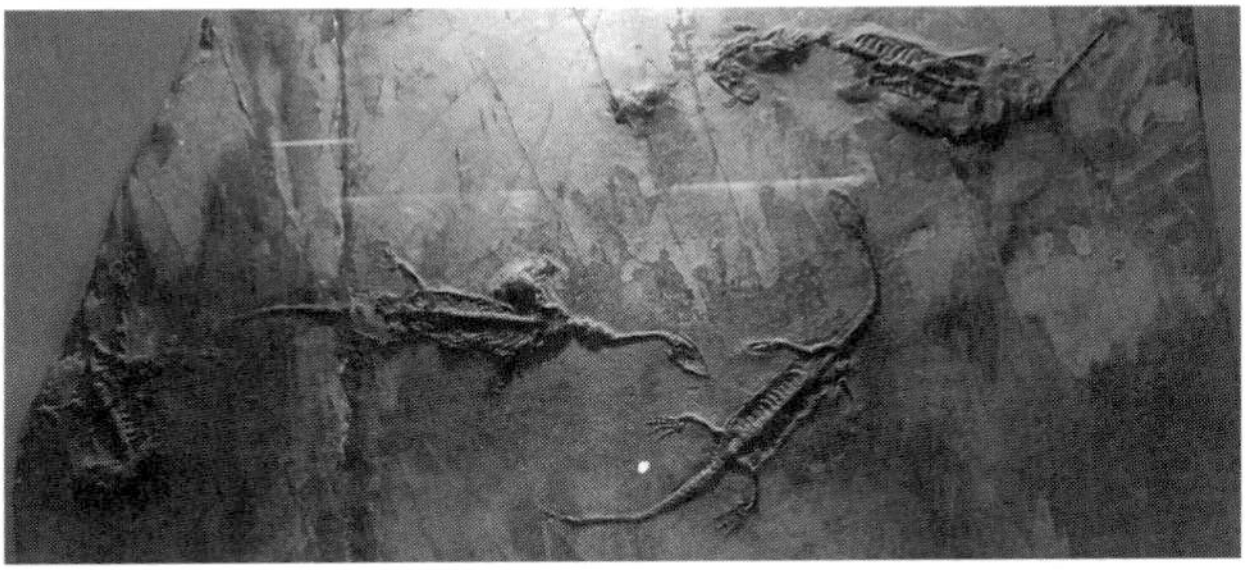
ケイチョウサウルスの化石。中国地質大学博物館にて筆者撮影。

工場で大量生産される「ニセ化石」たち

【ケイチョウサウルス】

中国西南部の貴州《きしゅう》省は、多数の少数民族が暮らす温暖湿潤な気候の土地だ。ただ、山がちで辺鄙《へんぴ》な地域であり、これといった目立つ産業もなく経済力は低い。中国の各省のなかでもひときわ存在感の薄い省である。

この貴州省の名を関する中生代の爬虫類が、**ケイチョウサウルス**（貴州龍）だ。これは恐竜ではなく、偽竜類というノトサウルスなどが属する水棲爬虫類の仲間である。

偽龍類は三畳紀に繁栄したものの、三畳紀・ジュラ紀間の大量絶滅イベントを乗り越えられず絶滅してしまった。ただ、彼らの初期の仲間から首長竜の仲間たちが進化していったと考えられている。

北京原人と三畳紀の偽竜類

ケイチョウサウルスは、2億4000万年ほど前の三畳紀の海に生息した体長15～30センチほどの小さな生物だった。鋭い歯が生えた細長い頭を持ち、首と尾が長く、5本の指がある足を持っていた。彼らの後輩に当たる首長竜は足がヒレ状に進化したのだが、偽龍類にはまだ足があったのだ。

ケイチョウサウルスの化石が見つかったのは、中国の古生物研究史のなかでも早期にあたる1957年5月だ。

現在の中国地質博物館の前身にあたる地質部陳列館の研究者だった胡承志《フウチエンヂー》が、黔西南《けんせい》プイ族ミャオ族自治州興義県《こうぎ》（現在の興義市）頂效鎮《ちょうこう》大寨村浪慕山《ろうぼさん》で8片の化石を採集し、中国科学院古脊椎動物・古人類研究所の楊鍾健のもとに送ったのである。

楊鍾健は恐竜とも他のトカゲとも異なるこの化石を仔細に研究し、この生物がパキプレウロサウルス科の未知の偽竜類であると断定。翌年に発表した論文のなかで、発見者の胡承志の名前を記念して**ケイチョウサウルス・フイ**（*Keichousaurus hui*：胡氏貴州龍）と名付けることとなった。

なお余談ながら、ケイチョウサウルスの化石を見つけた胡承志も有名な古生物研究者であり、戦前期に北京原人の頭骨のレプリカ作成を手がけたことで知られている。北京原人のオリジナルの化石は日中戦争で消失したため、その後の北京原人研究は胡承志のレプリカをベースとしておこなわれてきた。彼の中国古生物学への貢献も非常に大きい。

どんどん化石が見つかった海棲爬虫類たち

その後、中国の研究者たちはケイチョウサウルスが見つかった地層から、魚類をはじめとした多くの海洋生物の化石を採集していった。

１９９５年にはそのうち２２６件が、日本の天然記念物に相当する「国家珍貴文物」に指定され、貴州省は三畳紀の海洋生物の化石が豊富に出る土地として中国国内で広く知られることになった。

貴州省の各地から見つかった三畳紀の水棲爬虫類には、偽竜類の**シンギサウルス・ウネクスペクトゥス**（*Shingyisaurus unexpectus*：意外興義龍）、タラトサウルス目という謎の多い爬虫類である**アンシュンサウルス・フアングオシュエンシス**（*Anshunsaurus huangguoshuensis*：黄果樹安順龍）、魚竜の**キャニチュシヨサウルス・ゾウイ**（*Qianichthyosaurus zhoui*：周氏黔魚龍）や**ミクソサウルス・マオタイエンシス**（*Mixosaurus maotaiensis*：茅台混魚竜）、さらに首長竜の**チンチェニア・スンギ**（*Chinchenia sungi*：宋氏清鎮龍）や**サンチャオサウルス・デンギ**（*Sanchiaosaurus dengi*：鄧氏三橋龍）などがある。

また、貴州省では大量のケイチョウサウルスの化石が見つかっている。湖北省でも、その一種である**ケイチョウサウルス・ユアナネンシス**（*Keichousaurus yuananensis*：遠安貴州龍）の化石の発見例がある。ケイチョウサウルスは体長が小さいことから、全身が岩盤に封入された形で見つかることも多々あった。

三畳紀の中国の海におけるケイチョウサウルスは、おそらく数の多い、ありふれた生物だったのだろう。さらに言えば、死後すぐに遺体が泥土や砂に埋もれるなどしやすい、生き物が化石になるときの良好な条件が揃った海岸部に多く分布していた生物だったようである。

だが、化石が数多く見つかるだけに、ケイチョウサウルスには不名誉なエピソードがある。それは大量の盗掘被害とニセ化石の横行だ。

化石が出た山に村人が殺到

１９９０年、黔西南プイ族ミャオ族自治州の頂效鎮緑蔭《りよくいん》村で暮らす青年が、住宅の屋根に使うための岩盤を山で採掘していたところ、たまたま十数片のケイチョウサウルスの化石を掘り当てた。そして、この化石が地元の農民の年収の倍以上の大金である１４００元（当時のレートで約5万円）で売れてしまった。ちなみに、１９９０年の貴州省の農民の平均年収は６２９元である。

そこで、噂を聞きつけた地元の村人たちはゴールドラッシュさながらに山に殺到して盗掘を開始した。２００５年7月11日付けの『貴州都市報《グイヂョウドウシーバオ》』の記事によると、このとき「１００0点余りの」化石が流失したという。やがて黔西南州の文化局が村人らに道理を説いて５７7点の化石を提出させたそうだが、それでも大量の化石が失われてしまった。

また１９９４年末にも、ケイチョウサウルスの化石が見つかった場所の周辺6ヵ村の村人たち数百世帯が盗掘に殺到する事件が起きた。現地当局は山で取り締まりをおこなって13人を逮捕し、１２３点の化石を回収したが、あまりの盗掘者の多さに人手が足らず、やはり相当数の化石が失われた。

ニセ化石「加工工場」まで……

『貴州都市報』によると、この記事が出た２００５年当時の現地では盗掘がすっかり産業化し、密売ルートが整備されていたという。記事では「地元でカネがある家はケイチョウサウルスを掘り当てた家だ」という現地住民の証言も報じられている。

さらに、現地ではケイチョウサウルスのニセ化石を彫刻して作る「加工工場」までも、地元産業として成立してしまった。

２００８年4月には新華社が、貴州省と隣接する雲南省曲靖《きよくせい》市富源《ふげん》県・羅平《らへい》県などで、地元農民が化石の偽造に狂奔する様子を伝えている。こちらでもニセ化石の「加工工場」が作られ、本物の地層から取り出した岩盤にケイチョウサウルスを彫刻して大量生産をおこなっていたという。このニセ化石の売価は、「製品」のクオリティによって５００元〜数万元(約１００００円〜60万円程度)までとさまざまだったそうだ。

こちらの新華社報道では「ここで数万元で買い付けたニセ化石は、省都の昆明《こんめい》の市場では十数万元で売れる」といった地元住民の発言も紹介されている。笑いが止まらない商売というわけだ。

さらに２０１０年夏には、社会問題に果敢に突っ込む調査報道で有名だった広東省の新聞『南方都市報《ナンファンドウシーバオ》』の雑誌版が、貴州関嶺《かんれい》化石群国家地質公園などからケイチョウサウルスを含む盗掘化石を15年間にわたり持ち出している密売業者の実態を暴露した。

近年、習近平体制下の中国では政治的な締め付けによって国内のネガティブな問題を指摘する報道が減ったため、２０１０年代以降の状況には不明な点が多いが、おそらくこうした市場は現在でも存在し続けているとみられる。

ちなみに私が本稿の執筆中、中国のネットショッピングサイト『タオバオ』で探してみたところ、ケイチョウサウルスの「化石標本」（本物かは不明）が7500元（約15万円）で出品されているのが確認できた。

うさんくさい古生物の代名詞になってしまった……

中国では富裕層を中心に、山の奇石や古生物の化石を縁起物として自宅に飾る趣味を持つ人が多い。手頃な体長で全身化石もしばしば見つかる、ケイチョウサウルスをはじめとした三畳紀の小型海棲生物（魚類やカメなども含む）は、そうした需要にピッタリと合致していた。ケイチョウサウルスの盗掘やニセ化石制作がヤミ産業化したのは、中国社会のそうした事情が関係している。

もっとも、盗掘やニセ化石の問題はわれわれ日本人とも無縁ではない。

2018年10月16日に放送されたテレビ東京系列の人気オークション番組『開運！なんでも鑑定団』では、一般視聴者が「ケイチョウサウルスの化石」とされる岩盤を出品。自己評価額は100万円だったが、鑑定の結果はたった1万円とされた。つまり、この人物は貴州省か雲南省あたりの職人が作ったニセ化石をつかまされていたのだ。

中国で古生物の化石が見つかる場所は、国内では相対的に貧困地域とされる地域が多い。ゆえに、化石にまつわるアンダーグラウンドな産業が地元の経済を潤しているという現実がある。

ケイチョウサウルスは不幸にも、その学術的な値打ちに加えて、中国の化石文化にまつわる負の面を知る上で重要な生き物になってしまったのである。

恐竜ではない「恐竜っぽい」生き物【ロトサウルス　キロウスクス】

いわゆる「恐竜時代」とされる期間は、中生代の三畳紀（約2億5200万年前〜約2億100万年前）、ジュラ紀（〜約1億4500万年前）、白亜紀（〜約6600万年前）に相当する。

もっとも、恐竜があらわれはじめたのは三畳紀の中期ごろからであり、その後も恐竜が完全に地上の主役になるまではしばらく時間がかかった。三畳紀の多くの時期で繁栄していた地上の生き物は、ワニの仲間の偽鰐《ぎがく》類をはじめとした、恐竜ではない主竜類たちである。

この生き物は、恐竜と近縁だが恐竜ではない。三畳紀の偽鰐類にはがっしりした体格に大きな口、ウロコに覆われた恐ろしげな外見を持つものも多い。近年の研究によって羽毛に覆われた種が多いことが明らかになった恐竜と比べると、ある意味ではよほど、一昔前の「ステレオタイプな恐竜」のイメージに近い巨大爬虫類たちである。

だが、三畳紀末に起こった地球史上4回目の大量絶滅イベントによって、ワニを除くさまざまな偽鰐類が姿を消した。結果、彼ら亡きあとのジュラ紀の地上は、完全に恐竜の天下となったわけである。

すなわち、三畳紀の偽鰐類たちは恐竜の先輩格なのだ。この生き物たちについても、中国では化石が見つかっている。

なかでも興味深い生物として、ここではユニークな形態のポポサウルスの仲間の2種類を取り上げよう。いずれもかなり早期に化石が発見されていたが、近年になり見直しが進んでいる生き物たちである。

ペー族の里で見つかった謎の生物

まず紹介するのが、**ロトサウルス・アデントゥス**（*Lotosaurus adentus*：無歯芙蓉龍）だ。原始的な偽鰐類であり、かつてはよりワニに近いラウイスクス科に分類されることが多かったが（たとえば日本の福井県立恐竜博物館のホームページでも「ラウイスクス科」となっている）、近年はポポサウルス科という、偽鰐類のなかでも早い段階で分かれた仲間に含める考えが優勢だ。

ロトサウルスは、背骨が縦に長く伸びており、さながら帆のようになっていた。骨格を見る限り、かなり縦に長い奇妙な体型をしていたようだ。ちなみに「帆かけ竜」といえば、古生代のペルム紀に生息していたディメトロドンやエダフォサウルスなどの単弓類が有名だが、ロトサウルスの「帆」はこれらと比べると、胴体に比して低いものだった。

ロトサウルスの体長はおよそ２・５～３メートル、体高が１メートルである。最新の論文では中期三畳紀後期、約２億３８００万年前の生き物だったと推定されている。

化石が発見されたのは、まだ文化大革命のただなかで中国の古生物研究が足踏みをしていた１９７０年のことだ。湖南省桑植《そうしょく》県芙蓉橋《ふようきょう》郷芙蓉橋公社（当時）の村人が見つけ、湖南省４０５地質調査隊が化石を確認。その後、北京の中国科学院古脊椎動物・古人類研究所の張法奎《ヂャンファアクィ》（Zhang Fakui）・邱鑄鼎《チュウヂュウディン》らの学者が現地に向かい、３ヵ月をかけて３体の化石を掘り出した。

なお、桑植県芙蓉橋白族郷（現在の地名）は景勝地として有名な張家界《ちょうかかい》にほど近く、少数民族ペー族（白族）の里である。いまなおペー族の文化が保存された、山深い土地として知られている。

北京ではロトサウルスに会える

ロトサウルスの漢字の種小名の「芙蓉龍」は、化石が見つかった芙蓉橋公社にちなむが、属名の「無歯」は口に歯がなかったことに由来している。おそらく植物食性、もしくは水辺

ロトサウルスの化石。中国地質大学博物館にて筆者撮影。

で貝などを食べる雑食性だった可能性もある。

1975年に書かれた張法奎の論文を読むと、ロトサウルスの発見時には、いくつかの植物の化石と、海棲爬虫類であるノトサウルスの仲間の化石も一緒に見つかったという。ロトサウルスは水辺で暮らす生き物だったと思われる。

ロトサウルスは恐竜ではないものの、中国国内ではかなり早期に発見された三畳紀の生き物だった。そのため、1982年には北京自然博物館において全身骨格の復元が試みられている。2年の月日をかけた復元は、現代の研究水準からすれば、それほど質が高くないとされるのだが、このときの復元骨格は現在でも館内で見学することが可能だ。

オルドス盆地で見つかった化石

ほかに中国で見つかった「帆」持ちのポポサウルス科とみられる生き物には、**キロウスクス・サピンゲンシス**（*Xilousuchus sapingensis*：沙平戯楼鰐）がいる。三畳紀前期のオレネキアン（約2億5120万年前〜約2億4720万年前）という、かなり古い地層から化石が見つかった生き物だ。

こちらの発見も古く、1977年に中国古脊椎動物・古人類研究所の呉肖春《ウウシヤオチユン》が内モンゴルのオルドス盆地に調査に向かった際に、隣接する地域である陝西省府谷《ふこく》県で化石を採集した。見つかった化石は、比較的良好な状態で残っていた頭骨の一部と、左の鎖骨や頸部などの骨、わずかな肋骨と爪などであった。論文として報告されたのは1981年である。

キロウスクスは、ロトサウルスと比較しても保存状態がよくない化石しか見つかっておらず、加えて世間で脚光を浴びやすい「恐竜」とは異なる生き物だったこともあって、報告当時はあまり話題にならず、研究者の興味も引かなかった。

だが、2011年にアメリカの古生物学者スターリング・ネスビット（Sterling J. Nesbitt）が、キロウスクスにポポサウルス科と近い特徴があることを指摘して分類を再定義したことで、近年は再び脚光を浴びつつある。キロウスクスはポポサウルス科のなかでもかなり原始的な生き物だった模様だが、やはり背中には帆があったようだ。

さまざまな帆かけ生物

背中に帆を持つ古生物といえば、単弓類のディメトロドンらのほかに、近年の恐竜ファンの間で人気を集めているスピノサウルスや、鳥盤類のオウラノサウルスといった恐竜たちが思い浮かぶ。

これらの生き物のいずれとも系統的に遠い、偽鰐類のポポサウルス科の一部であるロトサウルスやキロウスクスが、やはり似たような帆を持っていたことは興味深い。もちろん、すべての帆の用途が同じだったかは不明とはいえ、なんらかの収斂進化の結果であった可能性も高いだろう。

生息した時期も食生も、系統的な種類も違うさまざまな生き物が背中に帆を持っていた事実は、帆を持つという進化が、なにかしら彼らの生存競争のうえでプラスに働いたのだと考えていい。近年になって再び脚光を浴びることになったロトサウルスやキロウスクスが、このミステリーを解く鍵《かぎ》になることを期待したい。

コラム5 「世紀の大発見」をものにした恐竜オタク博士の光と闇

【EVA オクルデンタビス エウブロンテス・ノビタイ】

２０１６年末、中国のみならず世界で注目を集めた恐竜関連のニュースがある。ミャンマー東北部で掘り出された約９９００万年前の白亜紀前期の琥珀《こはく》のなかから、小型獣脚類の尾の化石が生前の軟組織を残したままで見つかったのだ。

従来、恐竜が生きていたころの姿は骨やタマゴ・足跡などの化石から復元するのが一般的だった。過去には皮膚を残してミイラ化した恐竜の化石が発見されたこともあるが、いずれにせよ表皮の様子は不明な部分が多かった。

ところが、２０１６年に発見された尾は琥珀のなかに閉じ込められていたため、骨だけではなく軟組織や羽毛まで生前の様子を残して保存されていた。世紀の大発見と言ってよかった。また、琥珀に封じ込められた尾の写真は極めて美しく、そうした意味でも「メディア映え」がする派手なニュースであった。

この報告がなされたのは、2016年12月8日付けの科学誌『Current Biology』においてだ。琥珀のなかの恐竜はコエルロサウルス類の獣脚類の子どもだったとみられており、「EVA」と名付けられた。

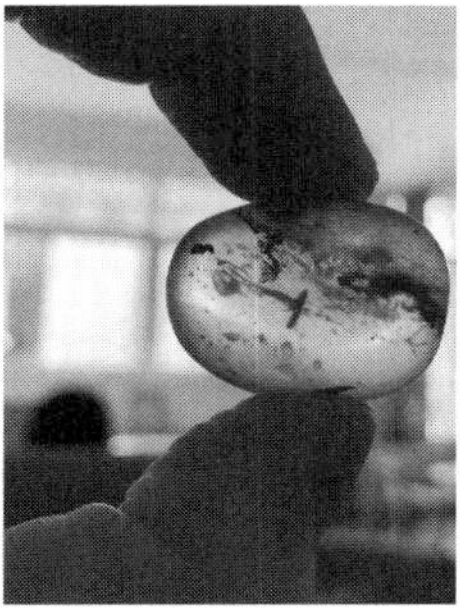
恐竜時代の琥珀

中国の若き恐竜オタク博士・邢立達

EVAに関する論文を発表したのは、中国地質大学の邢立達《シンリーダア》（Xing Lida）らの研究チームである。

邢立達は1982年生まれ。子どものころからの恐竜好きで、高校時代に恐竜に関するホームページを中国で最初に開設したほどのマニアだったが、卒業後の進路選択をおこなう際に中国で恐竜学を学ぶ方法がわからず、大学では文系の学部に進学したという変わり種だ。

大学を出てから地方の新聞社に就職したものの、肌に合わず間もなく退職、恐竜への夢を諦《あきら》められず発掘作業に参加していたところ、著名な恐竜学者の董枝明（Dong Zhiming）に見出《みいだ》されて弟子入りする。やがてカナダのアルバータ大学でフィリップ・カリー（Philip Currie）の指導を受けて修士号を取得し、さらに中国地質大学で博士号を取得した。**ディロング**や**シノルニトサウルス**などの発見で知られる徐星（Xu Xing）や、翼竜研究の大家であった呂君昌（Lü Junchang）よりもさらに若い、中国恐竜学の世界における新世代のホープである。

もともと一般人の恐竜オタクだったこともあり、彼は世間に向けた「布教」にも熱心だ。本業の研究に加えて、一般書や児童書も数多く手がけているほか、2018年には恐竜と中国時代劇をからめた歴史SF小説まで刊行している。趣味は恐竜切手の収集だ（本人に取材したエピソードが収録された拙著『もっとさいはての中国』もご覧いただきたい）。

いまなおネット上で「恐竜達人《コンロンダアレン》」の異名を持つインフルエンサーでもあり、近年は中国各地で化石らしきものが見つかるたびに「邢立達に伝えたほうがいい」といった声が上がる。128ページの事例のように、それが本物の発見につながることもある。

邢立達は2016年のEVAの発見後も、白亜紀の琥珀のなかに封じ込められたカタツムリやヘビ・カエルなどの化石を続々と報告して注目を集めてきた。しかし2020年に入り、彼は研究対象や研究手法についての強い批判に見舞われることになる。

琥珀化石の問題、浮上す

まずは前提となる事情について説明しておこう。

邢立達が研究対象とする白亜紀前期の琥珀は、主にミャンマー東北部にあるカチン州バモー郊外の山岳地帯で見つかっている。ここは長年にわたり少数民族カチン人の軍閥（カチン独立軍：KIA）とミャンマーの中央政府軍が衝突を繰り返してきた紛争地域だ。

邢立達は2014年、昆虫化石の愛好家である友人を通じて、古生物が含まれたミャンマー産の琥珀に着目し、翌年から現地調査に通うようになった。バモー付近には採掘された琥珀を取り扱う宝石市場があり、そこで琥珀を購入するのである。

以前、私が北京で邢立達に取材した際（2017年10月）に聞いたところでは、「毎回、たとえ不要な琥珀でも多少は必ず買うことが、商人との関係を維持するコツ」だったという。2016年のEVAの発見も、顔見知りの商人から「植物が入った琥珀がある」と声をかけられたことが契機だった。EVAの尾の羽毛は、素人目には植物に見えたのだ。

こうして入手した琥珀の年代は、琥珀の内部に他の化石と一緒に閉じ込められている虫や植物の化石を参考にしたり、琥珀に付着したジルコン（ヒヤシンス鉱）を分析したりすることで確定される。ちなみにEVAの場合は、同じ琥珀のなかに含まれていた白亜紀前期のアリが年代確定の決め手になった。

琥珀が産出されるミャンマー東北部は、国境を接する中国との関係が深く、古くは明朝末期から漢民族が移住している（その子孫はミャンマー国内で「コーカン族」（果敢族）を名乗る少数民族になっている）。

また、国共内戦に敗北した中華民国軍が1950年代にミャンマー側に越境して拠点を作ったり（現在は消滅）、文化大革命中に紅衛兵が「革命」の実践を目指してミャンマーの共産ゲリラ（ビルマ共産党）に身を投じたりした歴史もある。ゆえに現地には、こうした20世紀以降に移住した漢民族が多く、さらにワ族やカチン族といった少数民族も中国から政治的・文化的な影響をかなり強く受けている。

そのため、この地域は現在もなお、ミャンマーの中央政府よりも中国（特に雲南省）とのつながりのほうが強い。特にバモー近郊のような少数民族軍閥の支配地域では、中国語が共通語であり、通貨も人民元が使われている。

軍閥勢力とミャンマー軍が慢性的な内戦状態にあるため、治安は悪く、誘拐や山賊行為が横行している。少数民族の言葉や中国語がわからない人間は、外国人どころかミャンマー人でも容易に足を踏み入れられず、ネピドーやヤンゴンから安全にアクセスすることさえ難しい（いっぽう、国境を接する中国側から中国人が渡航するのは容易である）。

ゆえに、この地域をフィールドワークできるのは、事実上は中国人研究者しかいない。

政府軍が恐竜琥珀の発掘地を掌握

いっぽう、琥珀が採掘される山岳地帯は、もともとカチン人の反政府ゲリラの支配地だったものの、２０１７年６月からミャンマー中央政府軍によって制圧された。

ミャンマー軍は規律が劣悪で、南西部ラカイン州における少数民族ロヒンギャ人への人権弾圧が伝えられるなど、国際的に悪評が多い軍隊である。東北部のカチン州においても、非人道的な行為が国際人権団体のアムネスティなどから強く非難されている。

ゆえに２０１９年春ごろから、ミャンマー軍の占領地域で琥珀を購入する研究手法に疑義を唱える意見が、イギリスやアメリカの科学雑誌で主張されるようになった。

たとえばアメリカの科学誌『Science』の２０１９年５月24日付け記事は、購入というステップを踏むことで琥珀の正確な地層が不明となってしまうことや、古生物学者が琥珀を購入することで琥珀の価値が上昇し、ミャンマー軍を潤してしまうこと、いくら政情が混乱した国とはいえミャンマー国内の鉱物を研究目的で中国に持ち出してしまうことなどについて強い批判をおこなっている。

２０２０年に入ると、懸念の声は科学専門誌から一般のメディアにも広がった。

たとえば２０２０年３月には、アメリカの『ニューヨーク・タイムズ』がミャンマー琥珀の問題を取り上げ、英国エジンバラ大学の36歳の古生物学者、スティーブン・ブルサットの談話を紹介している。

「これは古生物学者が直面することに慣れていない、とてもトリッキーな状況です」

「これらの化石の販売行為が、ミャンマーにおける戦争や暴力に資金を提供してしまう可能性があることを非常に懸念しています。なので最近、ミャンマーの琥珀の研究や、このテーマに関する論文のレビューを断ることに決めました」

そもそも、研究のサンプルとなる化石を一般の市場から購入する行為それ自体も、盗掘の横行や価格高騰などの問題を招きかねないリスクがあるため、研究者のなかでも賛否が分かれている。バモーの琥珀市場で売られている琥珀は、盗掘された化石ではなく「宝石」だが、入手経路に不透明性があることは確かだろう。

報道が積み重なった結果、やがて2020年4月21日には、アメリカの著名な学術組織であるSociety of Vertebrate Paleontology（SVP：古脊椎動物学会）が、「紛争地域の化石と化石に基づく科学データの再現性」と題したレターを発表する。

SVPはこのレターにおいて、たとえ興味深い研究結果が出されたとしても、このような地域で琥珀を購入して標本を集める行為には倫理的な問題があると懸念を示した。

加えて、たとえ民間業者が相手の取引であっても、ひいては現地を掌握するミャンマー軍の資金源になりかねない以上、すくなくとも情勢がある程度安定するまでは琥珀購入をボイコットすべきであるとの呼びかけもなされた。

また、購入を通じて個人や民間組織によって私有された琥珀標本は、研究者が必ずしも自由にアクセスできる環境にないとして、研究の再現性についても疑義が示された。

この３番目の懸念は、レターのなかで名指しこそされていないものの、邢立達たちが購入した琥珀標本の多くが、彼の故郷に設立された私設研究所「潮州《ちょうしゅう》徳煦《とくく》古生物研究所」に保管されていることを指すとみられる。

（もっとも徳煦古生物研究所は、ホームページ（http://www.paleodexu.com/research_cn.html）を確認する限り、中国恐竜学のナンバーワン研究者である徐星を名誉顧問に据え、さらにイギリスの著名な古生物学者のマイケル・ベントンやマーティン・ロックリーを客員研究員に迎えているなど、かなり「まとも」な陣容の施設だ。好事家の私的な施設のように言うのは気の毒な気もする）。

それはさておき、ＳＶＰのレターはこうした問題点を指摘したうえで、２０１７年６月以降に購入されたミャンマー産琥珀の標本の公開の一時停止を呼びかけた。邢立達のチームにとって、研究上でかなり大きなダメージを負う事態だった。

当事者、批判に反論する

この問題が浮上した当時、私は講談社の『ブルーバックス』WEB版で中国恐竜にまつわる連載を担当していたので、邢立達に事情を尋ねるショートメッセージを送った。すると半月ほど経ってから、中国語と英語で長文の回答が送られてきた。

こちらの日本語訳（中国語原文からの翻訳）と英語の原文は、ネット上の記事（https://gendai.media/articles/-/73033）で掲載してある。紙幅の都合もあるので、ここでは要約だけ紹介しておこう。彼の言い分はこうである。

（1）ミャンマー琥珀の購入が武力紛争の参加者への資金源になるとの指摘について

➡琥珀はヒスイやサファイアと比較すると経済的価値が相対的に低い。また、現時点（２０２０年春）までに琥珀が武装組織の主要な資金源であることを示す確かな資料はない。欧米の報道で言及される国連人権報告についても、報告内においてミャンマーの琥珀と紛争に関係があるとする指摘はこれまでなされておらず、琥珀が紛争の資金源となっているといういかなる証拠も説明されていない。

（2）琥珀取引には不透明性が多く、なかでも中国への密輸が目立つとされる指摘につい

て

辺境都市の密輸やブラックマーケットの存在は世界各国が直面している複雑な問題で、この種の状況は多くの国でみられる。ミャンマーの琥珀商人の一部は、ミャンマー中央政府と地方の武装勢力の支配権が交錯する地域から来ており、彼らはおそらくその一方や双方に税金やマージンを支払って、琥珀を持ち出している。これは確かである。

いっぽう、中国の法律において、国境地帯の住民による琥珀の持ち込みは通常は1人5000元（＝約7万5000円）以内となっており、未加工の原石（多くは極めて安価なもの）は税関申告の必要がない。ゆえに、この制限を守ったなかでの中国への持ち込みは、違法なものではない。もちろん、違法な持ち込みについては、中国側の税関をはじめとした政府機関が密輸防止と摘発をおこなっている。

全体的に言えば、（国境貿易都市である雲南省の）騰衝《とうしょう》の琥珀は、どこでも見られる国境貿易の宝石マーケットのエコシステムのなかにあって、中国・ミャンマー両国の生活水準を向上させることにつながっている。

（3）貴重な標本が個人のコレクターによって購入され、研究者がコレクターから標本を

借りざるを得ないことで、研究の再現性に大きな問題が生じているとの指摘について

➡現時点でもすでに、公立博物館が個人のコレクターからの寄付を受け入れたり、重要な標本を買い取ったりといった方法でこの問題を解決しようとしている。また、中国の一部のサイエンティストも、中国の博物館の関連法規にもとづく形でコレクターが私立博物館を設立することを援助している。こうした博物館では、あらゆる標本は国家文物局の法規にもとづいて登記され、あらゆるサイエンティストに向けて開放されている。

(4)古生物学者が論文を発表することでミャンマー琥珀の価値が上昇し、結果的にはミャンマーの軍事紛争を助長することになるとの指摘について

➡ミャンマー琥珀の全体の価格は最近10年間で総じて下落傾向にあり、特に2017年以降は価格が明らかに下がっている。無脊椎動物や脊椎動物が含まれている琥珀が高価なのは事実だが、こうした琥珀の産出量は少なく、交易全体のなかでは注意を払われていない。

(5)ミャンマー琥珀の研究停止の提案がなされていることについて
⬇こちらは、まだあらゆる学者の賛同を得ているわけではない。琥珀を研究の対象としなければ、それらが提供し得る重要な科学情報が失われていくことにもなる。(琥珀研究を支持する)一部の研究者は、専門的な委員会による意見や指導を求めていくことが、より理知的な方法であると考えている。私たちは引き続きミャンマー琥珀の倫理問題に注意しながら、そのことと研究上の価値との間から導き出される最適解を探し求めていきたい。

世界的大発見は欧米基準の人権感覚で批判される

全体的に見れば、やや苦しい主張とも思える。
ただ、中国は近年になり、情報のブラックボックス化や西側諸国の主張に対する硬直的な対抗姿勢がいっそう強まった。中国国内に身を置く立場の研究者が、スキャンダルの渦中にあるなかで西側のメディアの問い合わせにちゃんと回答して説明責任を果たそうとしているだけでも、邢立達から一定の良心的な姿勢を感じ取ることはできる(すくなくとも、中国の政治問題に直面しがちなジャーナリストの私としては、その困難は充分に想像できるからだ)。

また、中国人研究者による琥珀研究に厳しい目が向けられた背景には、欧米世論において ミャンマー軍が伝統的に「悪の象徴」として語られがちな存在であることや、米中対立と新型コロナウイルス流行初期の対応をめぐって西側諸国における中国の評判が急速に悪化したことなど、学術研究とは直接関係がない国際情勢の影響を受けた部分も大きいとみられる。

長年にわたって複数の軍閥（武装勢力）が割拠してきたミャンマー東北部は、単なる無法地帯ではなく、それが常態化した社会であるがゆえの一種の秩序らしきものも存在する。

この「秩序」は、日本人や欧米人のコンプライアンス意識や人権概念からは理解が難しいが、中国人の場合は肌感覚の理解が可能で、なんとなく適応できるものである。これは、私自身も現地に近い地域への渡航経験があるので想像がつく。

2014年にミャンマーの琥珀に出会った邢立達は、おそらくそんな雰囲気のなかで琥珀を買い、研究を開始した結果、世界的な大発見をモノにした。だが、それが国際社会で広く話題になるものであったがゆえに、やがて標本の出所についても欧米基準の倫理感覚にもとづく厳しい目を向けられた。皮肉な話であるともいえる。

「のび太の恐竜」の名付け親

後日談も書いておこう。

邢立達ら中国地質大学の研究チームは、2020年3月に科学雑誌『ネイチャー』誌上で、約9900万年前の恐竜あるいは古鳥類とされる**オクルデンタヴィス・カウングラアエ**（*Oculudentavis khaungraae*：寛娅眼歯鳥）を報告。これは琥珀の内部から発見された、史上最も小さいとみられる「恐竜（もしくは古鳥類）の頭」であるとセンセーショナルに報じられたのだが、ほどなくこれがトカゲであった可能性が高いとする疑惑が浮上。同年7月22日付けで著者が論文を撤回する騒ぎになった。琥珀研究についての問題が持ち上がるなかで、泣きっ面に蜂の事態であった。

いっぽう、2020年6月にはアメリカのオレゴン州立大学の研究者らが、琥珀鉱山が近年ほとんど閉山されており、琥珀がミャンマー国軍の資金源になっている証拠は確認できなかったとする論文を発表した。

2021年10月には、アメリカのエール大学のハビエル・ルケ（Javier Luque）を筆頭著者として、ミャンマー産の琥珀のなかから見つかった約1億年前のカニの化石についての論文も発表された（邢立達との共同研究）。他にも2020年以降、日本人の昆虫研究者らが邢立達とは関係がない形で、同じくミャンマー産の琥珀のなかから見つかった昆虫について論文を複数発表している例がある。現在、ミャンマー産の琥珀の研究は、批判の声もあるものの、論文の掲載媒体を選べばひとまず容認されそうな気配である。

邢立達は2021年7月、中国四川省で見つかった小型の獣脚類の足跡について、彼が幼少期からリスペクトしているドラえもんにちなんで「**エウブロンテス・ノビタイ**」（野比氏実雷龍足迹：*Eubrontes nobitai*）と命名。文字通りの「のび太の恐竜」の登場が日本でも話題になった。また、コロナ禍が明けた2023年8月、邢立達は中国の恐竜ファンの少年たちを伴って来日し、福井県立恐竜博物館を訪問している。邢立達の恐竜への関心は、幼少期の日本の特撮やアニメなどのコンテンツに接するなかで育《はぐく》まれたこともあって、彼はこの分野における日中交流にも積極的だ。近年の中国の著名人にはめずらしく、彼の言説には中国共産党の硬直的なイデオロギーの匂いが薄く、交流の場にあっても政治的に安心できる人物でもある。

危なっかしいところも多々あるとはいえ、邢立達が21世紀の中国恐竜学の第一人者であることは間違いない。今後の活躍と、中国やミャンマー情勢の平穏を祈りたいところである。

おわりに

多くの化石が見つかる国にもかかわらず、中国では近年まで人々の恐竜に対する関心が薄かった。この本で紹介したエピソードからは、そんな中国人の意識が徐々に変わってきた過程も浮かび上がる。日本と比べればまだまだ人気は低調とはいえ、恐竜は中国社会において徐々に市民権を得る存在になってきている。

もっとも、マニア以外の中国人にとって、恐竜に対する目下の関心の理由は経済である。中国の「恐竜市場」の市場規模についての信頼性が高いデータは見当たらないが、論文検索サイトを見ると、旅行産業の振興とからめて恐竜を通じた記事や論文が非常に目立つ。

中国では、社会が豊かになった2010年前後から、自国の観光客を呼び込んで地方の町おこしをおこなうことがブームになった。だが、山奥などの交通の便が悪い場所で、リゾート開発も進んでいない地域の場合、人を集める魅力的なコンテンツはあまりない。

そこで田舎の地方創生にしばしば利用されているのが、紅色旅游《ホンセーリユイヨウ》（中国共産党の革命聖地の観光地化）と恐竜である。地下活動時代の党の根拠地も恐竜の発掘現場も、いずれも辺鄙《へんぴ》な山奥に多くあるのだ。

結果、多数の恐竜化石が見つかる雲南省禄豊《ろくほう》市や四川省自貢《じこう》市、山東省諸城《しょじょう》市などでは、博物館の拡大・整備やそれに付属するテーマパークの建設などが進められている。

山奥ではなく交通の便がいい地域で、ほとんど恐竜の化石が出ない場所であっても、江蘇《こうそ》省常州《じょうしゅう》市のように「中華恐竜園」という温泉とショッピングモールが併設された東京ディズニーシーに迫る面積の巨大娯楽施設を作ってしまった地域もある。

ちなみに中華恐竜園は、恐竜に関心を持っていた当時の中国国務院副総理の鄒家華《ゾウジャーホア》（Zou Jiahua）と、地質鉱産部長の宋瑞祥《ソンルイシャン》（Song Ruixiang）が1996年に常州市のトップに働きかけて建設させたというエピソードを持つ。この鄒家華は、本書の第1章で紹介したオヴィラプトルの仲間の羽毛恐竜、**カウディプテリクス・ゾウイ**（*Caudipteryx zoui*：鄒氏尾羽龍）の種小名の由来にもなった、恐竜関連分野に力を持つ中国共産党の重鎮である。

中華恐竜園は近年になりどんどん施設規模を拡大しており、報道によれば経営は順調のようである。2016年からは、園の運営会社が深圳証券取引所での株式上場を目指し、2018年と2019年の純利益がそれぞれ8752万元と9669・5万元（それぞれ約18・3億円と20・2億円）という数字が公開されている。ただ、2回にわたる申請にもかかわらず、上場審査をパスできず、3回目の申請はコロナ禍の影響もあって取り下げた。上場への道はまだ遠いようだ。

ほか、第3章で紹介した多数のタマゴの化石や、オヴィラプトルの仲間の**ヘユアンニア・フアンギ**（*Heyuannia huangi*：黄氏河源龍）の化石が見つかったことで知られる広東省の河源《かげん》市では、近年になり習近平政権の外交戦略「一帯一路《いったいいちろ》」に呼応して、恐竜を観光資源として対外的にアピールしていこうといった意見も提唱されている。

他方、近年の中国では習近平政権下での愛国主義イデオロギーの宣伝の強化によって、アカデミズムの分野でも「政治」の影響力が増しているのだが、恐竜学は現時点ではそうした匂いが薄い（研究者の派閥対立という「政治」は根強くあるそうだが）。

せいぜい、上記の河源市の例のように一帯一路政策との関係が語られたり、中国と友好関係を持つ発展途上国からの留学生に博物館を見せて自国のすごさをアピールしたりする程度の、ささやかな政治利用しかされていないようだ。あとは、新種の学名に中国語のピンイン表記が多く使われはじめた点に（コラム1参照）、ナショナリズムの影響を読み取れるくらいである。

近年の中国国家のイデオロギーからは白眼視されがちな日本との学術交流も、他の学術分野では自粛の動きが出ているのに対して、恐竜の分野ではまだしも継続されている。

日中戦争がらみの発見史を持つ**ルーコウサウルス・イニ**（*Lukousaurus yini*：尹氏盧溝龍）

や**ルーフェンゴサウルス・フェネイ**（*Lufengosaurus huenei*：許氏禄豊龍）、アメリカの有名恐竜であるディプロドクスやトリケラトプスの仲間の起源が中国にあった可能性を示す**リンウーロン・シェンキ**（*Linwulong shenqi*：神奇霊武龍）や**シノケラトプス・ズケンゲンシス**（*Sinoceratops zhuchengensis*：諸城中国角龍）など、当局のプロパガンダ部門がその気になれば政治宣伝に利用できそうな要素を持つ恐竜や古生物も多いが、いまのところはそうした動きもない。ジャイアントパンダを用いて対象国の対中感情の改善を図る「パンダ外交」のように、恐竜を中国国家のパブリック・ディプロマシー（広報外交）に活用する戦略も、現時点では自覚的におこなわれている形跡はない。

西側国家の人間として見るならば、恐竜はその政治色の薄さゆえに、近年の中国がらみの話題では例外的に「安心できる」コンテンツである。中国共産党の存在を意識することなく、中国の大地の恵みに感謝して悠久の過去にロマンを感じることができる、貴重な対象だということだ。

中国において恐竜が政治利用を免れている理由は、中国社会での恐竜が良くも悪くもマイナーな存在で、大多数の政策決定者たちの関心の枠外にあるためだと思われる。学問がイデオロギーの支配を免れていることは、中国の恐竜研究がそこそこ「ちゃんとしている」ことを担保していると考えていい。

地理的に近いこともあって、日本で化石が見つかる恐竜や古生物には中国と似たものも多い。中国の恐竜研究が、現在の政治状況のもとでもまだ比較的オープンなのは、日本の恐竜研究にとってても助かる話だ。

逆に言えば、今後の中国において愛国主義プロパガンダに恐竜が活用されはじめると、恐竜研究の未来は暗い。今後、新種の恐竜の学名に**ヘシンジャジグアンロング・シイイ**（*Hexinjiazhiguanlong xii*：習氏核心価値観龍）や**シノレノヴァティオサウルス・マグナ**（*Sinorenovatiosaurus magna*：偉大中国復興龍）といった命名がなされる日が来たときは、私たちは覚悟をしたほうがいいだろう。社会主義核心価値観や「中華民族偉大復興《チヨンホアミンヅウウエイダーフウシン》」（中華民族の偉大なる復興）は、いずれも習近平政権のスローガンである。

そんな未来が来ないことを、心から祈るばかりだ。

＊

本書はもともと、講談社の編集者である井上《いのうえ》威朗《たけお》氏の誘いで、同社の理系レーベル「ブルーバックス」のＷＥＢ版に執筆した連載をもととしたものである。連載がある程度軌道に乗った後、文藝春秋社の月刊誌『文藝春秋』の企画で、北海道大学総合博物館の小林快次先生やその愛弟子《まな》の田中康平先生（本書の監修者である）と取材を通じて面識を得たことも、大きな力になった。最後に書籍をまとめ上げる段階では、過去にもしばしばタッグを組んできた角川新書編集長・岸山征寛《きしやまゆきひろ》氏のお世話になった。

私は本来、基本的には人文学的な見地にもとづいて、中華圏を対象にしたルポルタージュを執筆することが多い。そんな私がサイエンスライターを目指すという奇妙な挑戦が実を結んだのは、ブルーバックスの歴代担当編集者や小林先生・田中先生のほか、さまざまな方の助けによるところが大きい。この場を借りてあらためて御礼申し上げたい。

2024年4月

安田　峰俊

参考文献

※紙幅の都合上、オンライン掲載資料のＵＲＬは略した。

第1章

【シノサウロプテリクス】

季強「我国遼西全身披覆羽毛的奔龍化石的発現及其科学意義」『中国科学基金』第15巻第4期　２００１年

邢立達「熱河生物群——朝聖中生代生命演化聖地」『自然雑誌』第27巻第1期　２００５年

【イ】

Xing Xu, Xiaoting, Zheng Corwin Sullivan et al. A bizarre Jurassic maniraptoran theropod with preserved evidence of membranous wings *Nature* (521), 2015

Jurassic flight school *COSMOS* (74), 2017

Sid Perkins *Bat-winged dinosaur discovery poses flight puzzle* Nature (2015)

「小恐竜〝打乱〟鳥類演化史」『中国教育報』２０１６年2月22日

「徐星：〝奇翼龍〟奇縁」『中国科学報』２０１５年8月17日

【ディロング　ズオロン　アオルン】

Jonah N. Choiniere, James M.Clark, Catherine A. Forster et al. A basal coelurosaur (Dinosauria: Theropoda) from the Late Jurassic (Oxfordian) of the Shishugou Formation in Wucaiwan, People's

Republic of China *Journal of Vertebrate Paleontology 30* (6), 2010
Jonah N. Choiniere, James M. Clark, Catherine A. Forster et al. A juvenile specimen of a new coelurosaur (*Dinosauria: Theropoda*) from the Middle–Late Jurassic Shishugou Formation of Xinjiang, People's Republic of China *Journal of Systematic Palaeontology* 12 (2), 2014
「準噶爾盆地五彩湾地区発現虚骨龍類一新属種——趙氏敖閏龍」『中国化石網』（化石網）２０１３年５月10日
「中美聯合考察隊在準噶爾盆地五彩湾発現虚骨龍類一新属種」『中国科学院』２０１３年５月10日
盧茹彩「恐竜の謎にせまる 中国大地に眠る 豊富な研究資料」『人民中国インターネット版』２００８年12月29日

【ファンヘティタン　ダシアティタン　ドンベイティタン　リャオニンゴティタン】

邢立達「植食恐竜——黄河巨龍」『中国地質科学院地質研究所』２０２１年６月24日
邢立達「黄河巨龍：最胖的恐竜（図）」『新京報』（新浪科技）２００７年７月18日
「古生物学家在東北発現20米的巨大恐竜！」『江氏小盗龍』（網易）２０１８年10月19日
「董氏東北巨龍」『大連自然博物館』（捜狐）２０１８年５月18日

【カウディプテリクス　ギガントラプトル】

「内蒙古二連巨盗龍登上《自然》雑誌網站首頁」『中国青年報』（新浪科技）２００７年６月29日
Xing Xu, Qingwei Tan, Jianmin Wang et al. A gigantic bird-like dinosaur from the Late Cretaceous of China *Nature* (447), 2007

コラム1

明木茂夫「現代中国語カタカナ表記雑感——中国の恐竜名と教科書検定をめぐって」『東方』３８４号
２０１３年

第2章

【ルーフェンゴサウルス】

「楊鍾健　被業内尊為〝中国恐竜之父〟、他発現中国〝第一龍〟」『澎湃新聞』２０２３年2月13日
「許氏豊禄龍：中国人自己発掘研究的第一条恐竜（2）」『北京日報』（中国新聞網）２０１２年11月14日
Robert R. Reisz, Timothy D. Huang, Eric M. Roberts et al. Embryology of Early Jurassic dinosaur from China with evidence of preserved organic remains *Nature* (496), 2013

【マメンチサウルス】

「博物館故事〝挖挖〟馬門渓龍」『北京自然博物館』（騰訊網）２０２１年5月2日
葉勇「馬門渓龍化石研究綜述」『第十一届中国古脊椎動物学学術年会論文集』海洋出版社　２００８年
裴雪「合川馬門渓龍化石的奇幻漂流（上）」『成都理工大学新聞網』２０１７年7月5日
葉勇『亜洲第一龍——馬門渓龍掲秘』上海科技教育出版社　２０１３年

【チンタオサウルス】

Albert Prieto-Márquez, Jonathan R.Wagner The 'Unicorn' Dinosaur That Wasn't:A New Reconstruction of the Crest of *Tsintaosaurus* and the Early Evolution of the Lambeosaurine Crest and Rostrum *PLoS ONE 8* (11), 2013
鍾聞廷、毛梓権「尋龍記　新中国第一龍、為啥叫〝青島龍〟?」『半島都市報』（大衆新聞）２０２４年1月24日

中国科学院古脊椎動物与古人類研究所「楊氏莱陽龍」２０１７年9月8日

【オメイサウルス】

C. C. Young On a new sauropoda, with notes on other fragmentary reptiles from Szechuan *Bulletin of the Geological Society of China 19* (3), 1939

Chao Tan, Ming Xiao, Hui Dai et al. A new species of *Omeisaurus* (Dinosauria: Sauropoda) from the Middle Jurassic of Yunyang, Chongqing, China *Historical Biology 33* (9), 2021

中国科学院南京地質古生物研究所「重慶雲陽恐竜動物群発現恐竜新種――普賢峨眉龍」２０２０年４月27日

【シノサウルス】

「昆明的〝恐竜之郷〟其実也很牛 但正在被人遺忘」『雲南網』（新浪新聞）２００９年10月13日

C. C. Young On Two New Saurischians From Lufeng, Yunnan *Bulletin of the Geological Society of China 28* (1-2), 1948

Zhiming Dong Contributions of new dinosaur materials from China to dinosaurology *Memoir of the Fukui Prefectural Dinosaur Museum* 2, 2003

Lida Xing *Sinosaurus* from southwestern China *4. Thesis* (62), 2012

コラム２

「我国卓越的古生物学家楊鍾健」『陝西省地方志辦公室』

第３章

【宝峰龍】
「重慶永川博物館鎮館之宝〝宝峰龍〞化石：従発現到挖掘、夫妻守護14年」『重慶晨報』（上游新聞）2018年10月27日
「重慶七旬〝護龍大爺〞龔明遠：守護白亜紀恐竜化石群十余載」『中国化石網』（化石網）2017年5月16日
【エウブロンテス　アノモエプス　グララトール】
「一串〝鶏脚印〞竟是恐竜足跡 四川盆地内首次発現侏羅紀晩期大型食肉恐竜足跡」『封面新聞』（四川在線）2019年11月2日
「四川省広安市前鋒区発現恐竜骨骼化石」『化石網』 2019年7月13日
【ピンナトウーリトゥス】
「深圳本土首次発現恐竜蛋化石的故事」『中国化石網』（化石網）2018年9月3日
「微博熱捜第一！　9歳河源小学生発現六千万年前恐竜蛋、網友：見怪不怪」『捜狐』 2019年7月27日
【シノイクニテス】
康璐燕「陝西省地質調査院在陝北再次発現恐竜足跡化石」『三秦地質』（陝西省地質調査隊）2019年9月23日
【マンチュロサウルス】
Pascal Godefroit, Pascaline Lauters, Jimmy Van Itterbeeck et al. Recent advances on study of hadrosaurid dinosaurs in Heilongjiang (Amur) River area between China and Russia *Global Geology 14* (3), 2011
馮拓菲、蔣萃、楊旭「十大鎮館之宝之七：黒龍江満洲龍」『黒龍江省博物館』 2015年10月13日

【ペイシャンサウルス　ヘイシャンサウルス】
Sven Anders Hedin History of the expedition in Asia, 1927-1935: Reports from the Scientific Expedition to the North-Western Provinces of China under the leadership of Dr. Sven Hedin: the Sino-Swedish Expedition（中央アジア探検史　ヘディン博士の指揮下での中国西北への科学調査の報告：西北科学考査団）国立情報学研究所「ディジタル・シルクロード」／東洋文庫

コラム3

Denver W. Fowler, Holly N. Woodward, Elizabeth A.Freedman et al. Reanalysis of "*Raptorex kriegsteini*": A Juvenile Tyrannosaurid Dinosaur from Mongolia *PLoS ONE* 6 (6), 2011
「Tレックスの祖先は小さかった、保存状態の良い化石が中国で見つかる」『ＡＦＰ』２００９年９月18日
「ミニT・レックス：公開にいたる道」『National Geographic』２００９年９月17日
安田峰俊「盗掘・密売の一方で…日本人研究者に訊く「中国恐竜、ここがスゴい！」」『講談社ブルーバックス』２０１９年５月５日
「知暁有〝恐竜化石〟後四人偸上山　盗掘疑似恐竜化石９・５公斤被刑拘」『大河報』（中国新聞網）２０２０年12月17日
「広東警方破獲盗掘販売恐竜蛋化石案　繳獲恐竜蛋化石１６０枚」『中国新聞網』（環球網）２０２２年７月13日
陸晗、祁潔「烏拉特中旗公安破獲一例盗窃古脊椎動物化石案件」『中国警察網』２０２３年５月24日
「烏拉特中旗公安局将被盗掘的恐竜化石移交巴彦淖爾自然博物館」『化石網』２０２３年７月４日

第4章

【モンコノサウルス　チャンドゥサウルス】
Maidment S.,C.Wei G. A review of the Late Jurassic stegosaurs (Dinosauria, Stegosauria) from the People's Republic of China *Geological Magazine 143* (5), 2006
江山、彭光照、葉勇「中国剣龍類恐竜化石」『地質学刊』第39巻第4期　2015年
郝宝鞘、彭光照、秦鋼他「中国剣龍類的発展史和演化」『地質通報』第37巻第10期　2018年
「〝中国龍王〟趙喜進」『神秘的地球』2009年3月2日
「科学家掲秘西蔵昌都〝大脚印〟」『科学網』2011年2月15日
【ズケンティラヌス　シノケラトプス】
徐星「中国角龍出土記」『科学人雑誌』第2012―05期　2012年
Xing Xu, Kebai Wang, Xijin Zhao et al. First ceratopsid dinosaur from China and its biogeographical implications *Chinese Science Bulletin 55*, 2010
王克柏、張艶霞、陳軍他「山東諸城地区晩白亜世一新的甲龍類恐竜」『地質通報』第39巻第7期　2020年
【ナンヤンゴサウルス　ルヤンゴサウルス　シエンシャノサウルス　ゾンギュアンサウルス】
「探秘中原的〝恐竜世界〟」『化石網』2014年12月11日
徐莉、張興遼、呂君昌他「河南省汝陽巨型蜥脚類恐竜動物群及含化石地層時代討論」『地質論評』第56巻第6期　2010年

【ユンシアンサウルス】

「湖北省鄖県梅鋪鎮李家溝村恐竜骨骼化石発掘始末」『化石網』２０１７年４月12日

【バンジ・ロング　ガンジョウサウルス　ジアングシサウルス　ナンカンギア　ファナンサウルス　コリトラプトル】

Shundong Bi, Romain Amiot, Claire Peyre de Fabrègues et al. An oviraptorid preserved atop an embryo-bearing egg clutch sheds light on the reproductive biology of non-avialan theropod dinosaurs *Science Bulletin* 66 (9), 2021

徐星、韓鳳禄「中国上白亜統窃蛋龍科一新属種（獣脚類：窃蛋龍類）」『古脊椎動物学報』第48巻第１期２０１０年

雲南大学古生物研究院「畢順東団隊発現７０００万年前正孵卵的窃蛋龍化石与現代鳥類孵蛋姿態一致」２０２１年１月13日

「我国発現７０００万年前正孵卵的窃蛋龍化石　与現代鳥類孵蛋姿態一致」『新華網』２０２１年１月３日

袁慧晶「江西贛州一工地発現10枚恐竜蛋化石」『新華社』（網易）２０２１年４月29日

「中国江西省発現窃蛋龍科恐竜――贛州江西龍」『化石網』２０１５年３月29日

「中国江西省発現窃蛋龍科恐竜化石新属新種――江西南康龍」『化石網』２０１５年４月２日

北海道大学「中国で新しいオヴィラプトル科恐竜の発見：アジア恐竜の古地理学における意義」２０１５年７月２日

北海道大学「ヒクイドリのように大きなトサカを持つ新種のオヴィラプトロサウルス類恐竜を発見・命名」２０１７年８月８日

【グアンロン／ハミティタン】
「首次発現！　中国絲路巨龍等大型恐竜与哈密翼龍動物群〝生死与共〟」『中国新聞網』２０２１年８月13日
呂新文「新疆哈密発現大型恐竜化石、命名為〝中国絲路巨龍〟」『澎湃新聞』２０２１年８月13日

第５章

【ズンガリプテルス　ダルウィノプテルス】
呂君昌、姫書安、袁崇喜、季強『中国的翼竜類化石』地質出版社　２００６年
董暁毅「飛向白亜紀――中国翼龍展（之二）」『北京自然博物館』２０１７年７月29日
呂君昌「達爾文翼龍的発現及其意義」『地球学報』第31巻第２期　２０１０年
【ビシャノプリオサウルス】
董枝明「四川盆地一新蛇頸龍」『古脊椎動物与古人類』第18巻第３期　１９８０年
SATO Tamaki, Li Chun, WU Xiaochun Restudy of Bishanopliosaurus youngi Dong 1980, a freshwater plesiosaurian from the Jurassic of Chongqing *Vertebrata PalAsiatica 41* (1), 2003
【フーペイスクス　ナンチャンゴサウルス】
「湖北南漳為２億歳化石群設保護区 厳禁開山炸石」『湖北日報』（中国新聞網）２０１２年８月６日
湖北省地質科学研究院（湖北地質博物館）・中国地質調査局武漢地質調査中心「湖北地質之最（六）湖北鱷：２・47億年前、古老級的海生爬行動物長這様」『湖北省地質科学研究院』２０２０年９月30日
王恭睦「湖北一新爬行動物化石的発現」『古生物学報』第７巻第５期　１９５９年
Xiao-hong Chen, Ryosuke Motani, Long Cheng et al. The Enigmatic Marine Reptile *Nanchangosaurus*

from the Lower Triassic of Hubei, China and the Phylogenetic Affinities of Hupehsuchia *PLoS ONE 9* (7), 2014
Xiao-hong Chen, Ryosuke Motani, Long Cheng et al. A Small Short-Necked Hupehsuchian from the Lower Triassic of Hubei Province, China *PLoS ONE 9* (12), 2014
Xiao-hong Chen, Ryosuke Motani, Long Cheng et al. A New Specimen of Carroll's Mystery Hupehsuchian from the Lower Triassic of China *PLoS ONE 10* (5), 2015

【ケイチョウサウルス】

楊鍾健「貴州新発見的腫肋龍化石」『古脊椎動物学報』第２巻第２—３号　１９５８年
王立亭「貴州中晩三畳世海生爬行動物研究概況」『貴州地質』62号　２０００年
「黔西南　貴州龍動物群：中国化石宝庫中的一顆明珠」『人民網』２０１８年５月11日

【ロトサウルス　キロウスクス】

Sterling J. Nesbitt The Early Evolution of Archosaurs:Relationships and the Origin of Major Clades *Bulletin of the American Museum of Natural History* (352), 2011
張法奎「湖南桑植中三迭世槽歯類的発現」『古脊椎動物与古人類』第13巻第３期　１９７５年
呉肖春「陝北槽歯類新発現」『古脊椎動物与古人類』第19巻第２期　１９８１年

コラム５

Society of Vertebrate Paleontology *Fossils from conflict zones and reproducibility of fossil-based scientific data* 2020
J. Sokol *Fossils in Burmese amber offer an exquisite view of dinosaur times—and an ethical minefield*

Science 23 MAY, 2019
Lucas Joel *Some Paleontologists Seek Halt to Myanmar Amber Fossil Research* The New York Times
March 11, 2020

復元画　服部雅人
図表作成　本島一宏
写真提供　安田峰俊

本書は講談社ブルーバックスＷＥＢで連載された「安田峰俊の「恐竜大陸をゆく」」（２０１８年８月～21年９月）を大幅に加筆修正し、再構成をしたものです。

本文中に登場する方々の肩書きおよび年齢は、いずれも取材ないし執筆時のものです。

為替レートは一人民元二〇円です。

安田峰俊（やすだ・みねとし）
1982年滋賀県生まれ。紀実作家。主に中華圏をフィールドとし、恐竜好きが高じて本作に取り組む。立命館大学人文科学研究所客員協力研究員。立命館大学文学部史学科東洋史学専攻卒業後、広島大学大学院文学研究科博士前期課程修了。2018年に『八九六四　「天安門事件」は再び起きるか』（KADOKAWA）で第5回城山三郎賞、19年に第50回大宅壮一ノンフィクション賞を受賞。他著に『和僑　農民、やくざ、風俗嬢。中国の夕闇に住む日本人』『移民 棄民 遺民　国と国の境界線に立つ人々』（角川文庫）、『八九六四　完全版　「天安門事件」から香港デモへ』（角川新書）、『「低度」外国人材　移民焼き畑国家、日本』（KADOKAWA）、『戦狼中国の対日工作』（文春新書）など多数。

（監修）田中康平（たなか・こうへい）
1985年愛知県名古屋市生まれ。筑波大学生命環境系助教。北海道大学理学部卒業、カルガリー大学地球科学科修了。Ph.D。恐竜の繁殖行動や子育てを中心に研究、NHKラジオ「子ども科学電話相談」でも活躍中。著書に『最強の恐竜』（新潮新書）、『恐竜学者は止まらない！　読み解け、卵化石ミステリー』（創元社）など。

恐竜《きょうりゅう》大陸《たいりく》　中国《ちゅうごく》

安田《やすだ》峰俊《みねとし》　田中《たなか》康平《こうへい》（監修）

2024年 6月 10日　初版発行

発行者　山下直久
発　行　株式会社KADOKAWA
〒102-8177　東京都千代田区富士見 2-13-3
電話　0570-002-301（ナビダイヤル）
装 丁 者　緒方修一（ラーフイン・ワークショップ）
ロゴデザイン　good design company
オビデザイン　Zapp!　白金正之
印 刷 所　株式会社暁印刷
製 本 所　本間製本株式会社

角川新書

ISBN978-4-04-082441-3 C0295